Vorwort

Liebe Leserin, lieber Leser,

dieses Bookazine ist für mich eine Premiere. In meinen bisherigen Fachbüchern drehte sich immer alles um digitale Technologien und ihr Potenzial, die Welt zu verändern. Daran glaube ich als ehemaliger IT-Chef immer noch. Aber heute, in der Verantwortung für den Service der Telekom Deutschland, erkenne ich eine neue Superkraft: den Menschen.

Je vertrauter mich meine 30.000 neuen Kollegen mit ihren Aufgaben gemacht haben, desto häufiger habe ich Situationen erlebt, die mir eins vor Augen führen: Auch in hochtechnisierten, vielfach automatisierten Serviceprozessen gibt es den Moment, in dem ein Lächeln locker hundert Computer schlägt. Einfach so. Augenblicke, in denen auch eine noch so weit entwickelte Künstliche Intelligenz nicht das leisten kann, was der Mensch und seine natürliche Intelligenz zu schaffen imstande sind. Kunden clustern kann jeder. Kunden begeistern, Zwischentöne hören, die richtige Haltung zeigen kann nur der Mensch. Er allein macht im Service den Unterschied!

Doch dieses Asset braucht Räume, Freiräume, Spielräume, in denen Mitarbeiter mit einzigartigen Fähigkeiten wie Hingabe, Enthusiasmus und Empathie auf die individuellen Bedürfnisse ihrer Kunden eingehen können. Darum ist es mir eine Herzensangelegenheit, den Menschen wieder in den Mittelpunkt zu rücken.

In diesem Sinne habe ich unterschiedlichste Fachleute und Branchenexperten eingeladen, die Rolle des Menschen im Service aus ihrer Perspektive zu beleuchten. Aus Beiträgen von Amerikas Serviceguru Shep Hyken, Trend- und Zukunftsforscher Matthias Horx, dem Wirtschaftspsychologen Claus Dethloff oder Transformationsexperte Dietmar Dahmen – um nur einige zu nennen – ist ein spannender Mix aus vielfältigen Meinungen und Formaten entstanden. So berichtet Martin Seiler, Personalchef der Deutschen Bahn, z. B. darüber, wie 340.000 Mitarbeiter des Mobilitätskonzerns dessen Servicekultur prägen (S. 48). Die Serviceexpertin Sabine Hübner beleuchtet sehr charmant „die große Macht kleinster Menschmomente" (S. 36). Antonio Krüger, CEO des Deutschen Forschungszentrums für Künstliche Intelligenz (DFKI), verrät im Interview, warum Maschinen den Menschen bei sozialen Interaktionen auf absehbare Zeit nicht das Wasser reichen werden (S. 82).

Was uns alle, trotz diverser Hintergründe und Ansichten, eint, ist unser Respekt vor der Superkraft Mensch. Und das freut mich extrem! Denn ich bin davon überzeugt, gerade in Zeiten zunehmender Digitalisierung verdient der Service von Menschen, mit Menschen, für Menschen eine Renaissance. Dazu soll dieses Buch beitragen.

Viel Spaß beim Lesen und viele begeisternde Erlebnisse von Mensch zu Mensch!

Herzlichst Ihr

Ferri Abolhassan

„Man liebt das, wofür man sich müht, und man müht sich für das, was man liebt."

— Erich Fromm

„Kleinigkeiten sind es, die Perfektion ausmachen, aber Perfektion ist alles andere als eine Kleinigkeit."

— Henry Royce

„Es gibt kein schöneres Vergnügen als einen Menschen dadurch zu überraschen, dass man ihm mehr gibt, als er erwartet hat."

— Charles Baudelaire

„Kritiker haben wir genug.
Was unsere Zeit braucht, sind
Menschen, die ermutigen."

— Konrad Adenauer

„Ein ganz klein wenig Süßes kann viel Bitteres verschwinden lassen."

— Francesco Petrarca

„Wer aufhört besser zu werden,
hat aufgehört gut zu sein."

Einblicke & Aussichten

„Für Unternehmen wird Service der Differenzierer schlechthin." Erst recht dann – und darin sind sich all unsere Autoren, Gesprächs- und Sparringspartner einig –, wenn Service eine menschliche Seite zeigt. Empathie zum Beispiel, Leidenschaft, Vielfalt und Kreativität. Soft Skills quasi, die sich als Hard Facts auszahlen.

Dafür braucht es **Wegbereiter**, **Vordenker**, **Andersmacher** und **Menschenversteher**, die Mitarbeitern auch den Raum geben, Service als Kundenerlebnis zu verstehen und umzusetzen. Weil Service, wenn er ehrlich ist, authentisch und von Respekt getragen, eine gewaltige Kraft entfalten kann, die jede Kundenbeziehung stärkt.

Der „Superkraft Mensch" haben wir dieses Buch gewidmet. In diesem Sinne ist dieses Bookazine ein Format, das ganz unterschiedliche Blickwinkel auf das vielschichtige Spektrum von Service zusammenführt. Zu einer 360°-Sicht – aus Wissenschaft und Technik, Industrie und Handwerk, Theorie und Praxis – auf die Frage, warum der Mensch im Service den Unterschied macht.

MATTHIAS HORX

Zukunftsinstitut

Schon als technikbegeisterter Junge in den 1960er-Jahren interessierte sich Matthias Horx für die Geheimnisse der Zukunft. Nach einer Laufbahn als Journalist und Publizist entwickelte er sich zum einflussreichsten Trend- und Zukunftsforscher des deutschsprachigen Raums und veröffentlichte etliche Bestseller. Das Credo des Europäers, der heute in Wien in seinem „Future Evolution House" lebt, einem Experimentalhaus für Architektur, Energie und Technologie: „Zukunft entsteht, wenn wir die Welt aus der Perspektive des Morgen betrachten – und unser Geist die Verbindungen zwischen Gegenwart und Zukunft verspürt!"

Aufräumen mit Missverständnissen

S. 14

Warum der Mensch im Service den Unterschied macht

S. 22

DR. FERRI ABOLHASSAN

Deutsche Telekom Service

SAP, IDS Scheer, T-Systems – den Berufsweg von Ferri Abolhassan begleitete Technologie lange Zeit als Wunderwaffe schlechthin. Mit seiner Berufung zum Servicechef der Telekom Deutschland entdeckte der Saarländer indes schnell eine zweite „Superkraft" und ist seither fest überzeugt: Gerade in digitalen Zeiten macht der Mensch den Unterschied – ganz besonders im Kundenservice. Dessen Transformation, das macht der promovierte Informatiker in seinem Beitrag deutlich, ist jedoch kein Sprint. Bis zum Ziel „Bester Service. Immer." ist es ein Marathon. Und genau das liegt dem passionierten Ausdauersportler sehr.

SABINE HÜBNER

forwardservice

Sabine Hübner begleitet seit 20 Jahren das Who-is-Who der DACH-Wirtschaft bei der Entwicklung von Servicehaltung auf allen Ebenen und dabei, Kunden mit „Menschmomenten"* zu begeistern. Mit ihrem Team steht sie für Service Empowerment und optimiert mit eigens dafür entwickelten Tools Service Performance und Service Design. Ihre Markenzeichen: Tempo, klare Worte und superviel Empathie. Bezaubernde Menschmomente sammelt die vielfache Buchautorin und Keynote-Speakerin auch privat gern, etwa auf Reisen, beim Sport und angesichts moderner Kunst, Design und Mode.

* Nachzulesen in Sabine Hübners Buch „Serviceglück"

Von der großen Macht kleinster Menschmomente

S. 36

Service im Zuge der Digitalisierung

S. 48

MARTIN SEILER

Deutsche Bahn

Deutsche Post, Deutsche Telekom, Deutsche Bahn – ein Berufsweg, bei dem man in verantwortlicher Position auch mal nationale Weichen stellt, Notbremsen zieht oder „Brände löscht". Sowieso wollte Martin Seiler ja Feuerwehrmann werden. Gerade wurde sein Vertrag als Vorstand Personal und Recht der Deutschen Bahn verlängert. Service, der Kunden, Mitarbeitende und Unternehmen zum Ziel führt, so unser Gastautor, muss auf vielen Gleisen unterwegs sein. Warum ihm selbst im Zug mitunter Pharell Williams' Ohrwurm „Happy" durch den Kopf geht, ist eine ganz andere Geschichte.*

* Nachzulesen in Martin Seilers Buch „Wem gehört die Zeit?"

Für Spielereien haben wir keine Zeit

S. 60

ELKE ANDERL

Deutsche Telekom Service

Dass „jede Customer-Journey eine 360°-Sicht verdient", ist einer der Blickwinkel, die Elke Anderl – verantwortlich für Serviceentwicklung und -innovation bei der Telekom – auch nach Feierabend nie mehr ablegt. Denn die Zeit, in der im Service ständig die Uhr tickte, endete für die Managerin schon vor 20 Jahren. Für die Telekom in Fernost, lernte sie damals neben Taiko* u. a. ein bisschen Japanisch. Seither lehrt sie, dass nicht jeder Begriff aus der Sprache Nippons hierzulande ein Fremdwort bleiben muss. „Omotenashi" zum Beispiel, der Wunsch, einen Kunden oder Gast aus tiefstem Herzen glücklich zu machen.

*Die Klänge der Taiko-Trommel nutzten einst die Samurai, um ihre Truppen zu motivieren. Anderl erfand stattdessen für ihr Team den „Motivation Monday". Eine Taiko zur Erinnerung steht aber in ihrer Bonner Wohnung – wo sich alle freuen, wenn sie nicht allzu oft bespielt wird.

DR. CLAUS DETHLOFF

ServiceValue

Claus Dethloff ist Geschäftsführender Gesellschafter der Kölner Analyse- und Beratungsgesellschaft Service-Value. Auch mit Blick auf betriebswirtschaftliche Effekte von guter Servicequalität – seinem Spezialgebiet – sieht er Spiegelbilder zum Spielerischen. Karten-, Brett- und Gesellschaftsspiele sind eine Passion seit frühester Kindheit. Insoweit kein Wunder, dass der promovierte Wirtschaftspsychologe im Interview verrät, wie Service im Sinne eines Miteinanders viel Spaß machen kann, wenn Regeln und Freiräume beachtet sowie Kombinatorik und Kreativität gefördert werden.

S. 66

Nehmen Sie's bloß ~~nicht~~ persönlich

Menschliche Interaktion wird im Service immer eine bedeutende Rolle spielen

S. 82

PROF. DR. ANTONIO KRÜGER

DFKI

Seit 2019 CEO des Deutschen Forschungszentrums für Künstliche Intelligenz (DFKI), möchte Antonio Krüger auch privat eins nie missen: Den analogen Austausch von Mensch zu Mensch. KI-Gipfel im Kanzleramt, Vorlesung an der Kinder-Uni der Universität des Saarlandes, DigiTech-Podcast bei der F.A.Z. – wann immer es sein Kalender erlaubt, genießt er die Atmosphäre von Wochenmärkten und das Fachsimpeln mit den Händlern seines Vertrauens. Das sind für ihn Momente, „in denen keine Maschine dem Menschen das Wasser reichen kann".

Guter Service ist für Banken überlebenswichtig

S. 92

DR. HANSJÖRG LEICHSENRING

www.der-bank-blog.de

Von WhoFinance über smava bis zum Smeil Award 2019 – kaum ein Branchenportal, das den Bank-Blog von Hansjörg Leichsenring nicht ausgezeichnet hat. Seine Lektüre gilt Lesern als gut angelegtes Investment, schafft es der promovierte Betriebswirt doch, selbst trockenen Finanzstoff emotional aufzuladen. Auch in seinen Vorträgen und Moderationen. Auf Schotter, Moos und Kies achtet der Finanzexperte auch in der Freizeit. Beim Wandern, Bergsteigen und Klettern in den Alpen. Dort dient eine Bank maximal der Erholung.

MARK KLEIN

ERGO

Nach dem Parallel-Studium von Maschinenbau und BWL arbeitete Mark Klein u. a. bei McKinsey, Vodafone und Deutscher Telekom, bevor er 2016 als CDO zur ERGO Group wechselte. Der sympathische Rheinländer ist passionierter Pianist, wenngleich mit Handicap. Sein Lieblingsstück – den 4. Satz aus Beethovens 9. Sinfonie – spielt er zu Hause so oft, „dass meine Familie es kaum noch hören kann". Wie man indes die Klaviatur der Digitalisierung in Unternehmen beherrscht und das „Publikum" ganz piano Zugaben fordert, verriet er uns im Interview.

S. 98

Sentio, ergo sum.

Ende der Märchenstunde

S. 110

SHEP HYKEN

Shepard Presentations

Verblüffen(d) ist Shep Hyken's Passion. Seit seiner Rolle als Zauberer auf Kindergeburtstagen der Nachbarschaft. Da war er zwölf. Die Tricks, die er heute als „Chief Amazement Officer" seines Unternehmens verrät, machen ihn zum Serviceguru, -doyen, -botschafter weltweit. In Keynotes, Bestsellern und Beratungen, die quasi Service „at its best" enträtseln. Beim Kauf von Schuhen etwa. Er selbst trägt gelegentlich Golfschuhe, Tennisschuhe, Schlittschuhe. Das sogar zwei- bis dreimal die Woche, zumeist im Alumni Hockey Team seiner High School. Einer der magischsten Momente seines Lebens: Als die St. Louis Blues im vergangenen Jahr den Stanley Cup gewannen.

GEORG MACK

INTRE-Magazin

Er ist Herausgeber, Customer Serviceberater und einer der erfahrensten Outsourcing-Experten der DACH-Region. Außerdem Vernetzer, Moderator und Keynote-Speaker. Was Georg Mack in vielfältigster Weise antreibt, ist ein Motto: „Alle sagten, das geht nicht. Dann kam einer, der das nicht wusste und hat es einfach gemacht." Genau so hat er u. a. das erste Business-Process-Outsourcing-Projekt mit einer Bank ermöglicht. Hartnäckigkeit verlangt von ihm aber auch das Suchen „kleiner Fluchten". Die findet er beim Laufen oder auf dem Motorboot.

Ein DACH für eine grenzüberschreitende Region

S. 118

Auf einen Chat mit Sven_

SVEN GÖTH

Digital Competence Lab

Gut 250 Vorträge vor mehr als 150.000 Menschen in rund 200 Unternehmen, Lehre an europäischen Universitäten und Hochschulen, ein gutes Dutzend Firmengründungen, zahlreiche Berater- und Coaching-Tätigkeiten, immer neue Impulse und Inspiration für Wirtschaft und Gesellschaft – das ist Sven Göth. Darüber hinaus ist der CEO & Founder des Digital Competence Lab nicht nur Business Futurist und Fachbuchautor*, sondern bekennender Nutella Liebhaber der ersten Stunde und Chief Innovation Officer des Institute of Culinary Art.

*„Kompetenzen für das 21. Jahrhundert"

Jeden Tag ein bisschen besser

STEFAN VORNDRAN

Europcar Deutschland

Mobilität & Reisen – konkret deren Management ist eine Aufgabe, die Stefan Vorndran seit seiner Berufsausbildung bewegt. Bislang von Erlangen über Bremen nach Hamburg. Dort berief ihn die Europcar Mobility Group 2018 zum CEO in Deutschland, in die Verantwortung für rund 6.000 Mitarbeiter und mehr als 50.000 neuester Autos. Sein Kontrastprogramm dazu: Oldtimer. Die bewegen ihn gelegentlich auf Rallyes oder Richtung Golfplatz.

Warum Menschsein kein Bullshit sein darf

NICOLE BRANDES

You.Unlimited

Nicole Brandes' Passion sind menschliche Quantensprünge. Außergewöhnliches zu erreichen sei keine Frage von Talent, sondern der Strategie. Ihr Job: High Performer zu shiften – vom Schuften im Hamsterrad „in ein Leben und Leisten mit Feuer und Energie" – weil es nicht nur besser, sondern auch glücklicher macht*. Ihre Erfahrung: Über 15 Jahre im Spitzenbusiness mit den Mächtigen, Reichen und Royals dieser Welt. Ihr Ausgleich: Zeit in den Bergen und beim Schwimmen im See. Letzteres täglich. Auch im Winter! Es gäbe ihr das, wonach wir uns alle sehnen: Ruhe und Lebendigkeit.

* Nachzulesen in Nicole Brandes Buch „Weiblich, wild und weise"

Emotion ist die Wurzel der Speise

s. 152

FLORIAN FALK

Just Spices

Fast hätte Florian Falk die Gewürzdöschen im Regal gelassen. Zum Schritt, Musik zu studieren, fehlte dem leidenschaftlichen Violinisten nur eine „Saitenbreite". Stattdessen BWL-Studium mit erster Geschäftsidee, entstanden beim Kochen in der Studenten-WG mit Ole Strohschnieder und Bela Seebach. Mit ihnen gründete Falk – nach Stationen bei PWC, dem Start-up Gourmeo und als Consultant – 2012 im Keller seiner Mutter Just Spices. Für die inzwischen mehr als 80 Mitarbeiter hat er heute als CEO den Fokus auf Finance, Investor Relations und HR.

Mensch-Maschine per se meisterhaft

s. 160

MICHAEL CHRISTMANN

Stuck-Belz

2013 hat Michael Christmann mit Stuck-Belz einen Meisterbetrieb im klassischen Kunsthandwerk übernommen – und seither zur Hälfte auf den Kopf gestellt. Heute geben moderne Management-Methoden sowie innovativer Marketing- und Technologieeinsatz dem Geschäftsmodell der Gründerzeit des Unternehmens neuen Glanz. Dabei bestimmt die Farbe Gipsweiß nicht nur den Alltag des Stuckateur-Meisters, auch in seiner Freizeit ist sie ihm lieb. Etwa, wenn er sich beim Skifahren im Pulverschnee mal eine „Kelle Auszeit" vom Beruf gönnt.

Ende, Aus. Anfang!

s. 166

DIETMAR DAHMEN

dietmardahmen.com

Auch Erstauflagen brauchen ein Review. Ein ehrliches Destillat quasi, und damit kennt Dietmar Dahmen sich aus. Er erfand „BLOCKGIN", den ersten Gin, dessen Authentizität durch Blockchain und NFC geschützt ist. Der Wahl-Wiener ist Gründer des BAMM! Instituts für Transformation, gilt als Rockstar unter den Keynote-Speakern, „Bereicherer" von Menschen & Marken und erklärter Freund der Disruption. Zu Letzterem gefragt, empfiehlt er Unternehmern im ersten Schritt eine Art Selbstauskunft: „Frag dich, was könnten andere tun, um dein Geschäftsmodell zu vernichten – und dann mach es selbst!"

Auf

Das Mensch-Maschine-Miteinander wird ständig neu verhandelt. Die dafür nötige Emanzipation des Menschen von der Technik braucht unsere Rückbesinnung auf die naturgegebene Differenz von Subjekt und Objekt. Ouvertüre mit Trend- und Zukunftsforscher Matthias Horx.

mit
verstän

räumen

Miss-
dnissen

Herr Horx, nach mehr als 25 Jahren Trend- und Zukunftsforschung haben Sie Ihr Prognose-Modell zuletzt noch einmal weiterentwickelt. Sie nennen das auch den „Humanistischen Futurismus". Warum?

Weil wir erkannt haben, dass etwas Fundamentales in den meisten Prognose-Modellen fehlte: der Mensch. In herkömmlichen Zukunftsvisionen taucht der Mensch größtenteils nur am Rande auf, als Statist. Als kleine Silhouette in mächtigen Städten, in denen die Autos alle fliegen. Ökonomie und Technologie sind die Leitplanken, an denen entlang der Zukunftszug dahinrast. In dieser kalten Zukunft sind wir allenfalls Konsumenten immer raffinierterer Produkte, Opfer eines technischen Kalküls, das uns nach den Bildern der Maschinen formt. Bewohner hypersmarter Umwelten, in denen auf Knopfdruck alles zu haben ist. Endloser Komfort, das ist das dominante Ziel auch des Hyper-Digitalismus, der alle Probleme mit Computern lösen will. Aber wollen wir wirklich dorthin, wo alles vollautomatisiert zur Verfügung steht? Oder ist das nicht eher ein Alptraum mit dekadenten Zügen?

Viele gängige Zukunftsszenarien bezeichnen Sie als „Future Bullshit". Was stört Sie daran?

Unsere heutigen Zukunftsbilder sind geprägt von der Idee des linearen technischen Fortschritts, der aus der Expansionsphase der Industriegesellschaft stammt. Damals war die Vorstellung des schneller, weiter, höher, die „Raketenfantasie", das dominante Modell. Es sind, um es drastisch zu formulieren, Fantasien von 12- bis 16-jährigen Jungen, die um Eroberung, Abenteuer und technische Dominanz kreisen. Diese Zukunftsbilder sind in ihrem Kern infantil – oder pubertär, und sie sind auch sehr männlich – nicht selten omnipotent. Über die Mechanismen von Interessen und wirtschaftlichen Diskursen übersetzt sich dieser Blickwinkel immer wieder aufs Neue in Erlösungsversprechen. Das beste Beispiel ist die Künstliche Intelligenz, die ja bekanntlich alles lösen soll; den Verkehrsstau, die Gesundheitsfrage, das Lernen, die Sterblichkeit ...

Und wird das gelingen?

Ich glaube, bei der Künstlichen Intelligenz handelt es sich um ein Missverständnis, einen Kategorienfehler. Intelligenz ist immer etwas Organisches, Menschliches, auch Fehlerhaftes. Es ist von Gefühlen geprägt, von Instinkten, Nuancen, wie sie nur im Analogen, im Körperlichen vorkommen. Erstens lässt sich das gar nicht technisch nachbauen. Wenn es aber nachgebaut würde, dann verlieren wir unsere humane Kompetenz, wenn sie diesen Maschinen dann die Deutungs- und Handlungsmacht übergeben. Ich bin eher für die nüchterne Betrachtung: KIs sind Expertensysteme, die schnell Daten auslesen und prozessieren können. Was daraus folgt, ist eine humane Angelegenheit. Wenn man einer KI die Verantwortung für den Straßenverkehr übergeben würde, würde sie solange Häuser abreißen, bis alles Straße ist. Ob mehr Fahrräder in die Städte sollen, mehr Platz für Menschen, Grün und Leben, das müssen WIR entscheiden.

Das heißt, Sie raten dazu, jede Behauptung über die Zukunft erst einmal nüchtern zu hinterfragen?

Allerdings, auch mit Blick auf die Kommunikationsweisen, mit denen sie vorgebracht werden. Achten Sie einfach in jedem Vortrag, Diskurs oder Pamphlet über die Zukunft auf die Art und Weise, wie gesprochen oder geschrieben wird. Eine Zukunft, die brüllt, droht, angibt, ständig mit „wir müssen!" argumentiert, eine wunderbare Utopie verspricht, endet immer in der Dystopie. Misstrauen wir auch den schicken Begriffen wie „smart" oder „intelligent" – in Bezug auf Technik vor allem. Meistens erweist sich dieses Paradies dann als entweder ziemlich kompliziert oder als problematisch.

Wie soll man dann aber die Zukunft verstehen?

Menschen sind Zukunftswesen. Wir können gar nicht anders, als uns unentwegt das Kommende vorzustellen. Mit unserem übergroßen Hirn sind wir homo prospectus, der vorausschauende Mensch. Wir sind auch der schöpferische Mensch, weil aus Bildern und Imaginationen unentwegt Wandel und Veränderung entstehen. Die Zukunft greift sozusagen auf uns zurück; unsere Imaginationen, aber auch unsere Ängste erschaffen die Zukunft mindestens so stark, wie es die Technologie tut.

Eine lebendige Zukunft zeichnet sich dadurch aus, dass sie mit uns in Verhandlung tritt. Es ist nicht alles von vornherein festgelegt. Sie berührt uns genau da, wo wir die größten Nöte verspüren, aber auch das größte Potenzial von Selbst-Veränderung. Zukunft entsteht nicht ohne unsere Formung und Gestaltung, sie kommt nicht „über uns". So sehe ich die wirkliche Aufgabe eines Zukunftsforschers – den Kern echter Zukunftsarbeit: Verbindungen herzustellen zwischen dem Heute und dem möglichen Morgen. Schleifen zwischen „Mind" und „Welt", zwischen dem Menschen und der Technik, der Gesellschaft und der Ökonomie. Dem Individuum und dem großen Ganzen. Und daraus eine Perspektive, eine Narration zu entwickeln, die uns zum Wandel motiviert, weil wir darin unsere Humanität erkennen können.

Den Megatrends, die Sie lange Zeit selbst propagiert haben, stehen Sie heute kritisch gegenüber. Warum?

Megatrends sind eine gute Grundorientierung, haben aber ein Handicap: Sie suggerieren ein falsches Alles. Alles wird global! Alles wird vernetzt! Alles wird individualistisch! Alles wird urban! Alles wird hypermobil! Alles wird radikal digital! Damit eignen sich Megatrends perfekt für gnadenlose Verkürzungen der Wirklichkeit. Wir müssen aber wissen: Jeder Trend hat irgendwann einen Tipping Point, ein Maximum. Jeder Trend erzeugt auch einen Gegentrend.

Haben Sie ein Beispiel?

Globalisierung zum Beispiel: Wenn alles globalisiert ist, bleibt das Lokale, Spezifische, auf der Strecke. Deshalb gibt es den Backlash zum Nationalen, oder die Sehnsucht nach Heimat als Gegentrend. Je mehr Individualisierung, desto größer die Sehnsucht nach dem Wir. Oder auch die immerzu gerühmte Konnektivität, die das Internet über uns gebracht hat. Das hat ja auch negative Folgewirkungen: Hass, Fake News, Erregungshysterien. Stellen wir uns vor, alles würde radikal „digitalisiert". Noch mehr als heute. Wir würden unser Smartphone als Kontaktlinse tragen. Oder in die Schläfe implantiert. Auch beim Schlafen und Lieben blieben wir online. Beim Sex sowieso, das verstärkt die Variablen und die Sinneseindrücke. Wir könnten auf diese Weise mit einem Elefanten schlafen oder einem Faun. In unserem KI-Gerät würden unentwegt neue Hochrechnungen, Prognosen, Wahrscheinlichkeiten projiziert über das, was uns am meisten interessiert, was am Billigsten und Begehrtesten ist. Das System würde alle Männer oder Frauen in unserer Umgebung daraufhin scannen, ob sie zu unserem eigenen Score passen, und ständig passende Strategien zur Annäherung und Eroberung vorschlagen ...

Wir sind ja gar nicht so weit weg von dieser elektronischen Optimierungswelt. In der „Augmented Reality" wird so etwas ja schon versucht. Aber sobald sich so etwas realisiert, wird deutlich: Es ist ein Horror. Deshalb ist auch „Google Glass" gescheitert, eine Technik, die angeblich das Smartphone ersetzen sollte.

Was genau stört Sie an einer solchen Zukunft?

Sie ist einfach unmenschlich, aus zunächst guten Absichten entsteht hier eine Extremisierung von Effizienz, die das menschliche Sozialgefüge zerstört. Und diese Vision wäre, wie man so schön sagt, „nicht nachhaltig". Sie ist eine Dystopie, weil es keine Gleichgewichte mehr gibt zwischen den langsamen und den schnellen, den emotionalen und den rationalen Verarbeitungen, die Menschen mit sich selbst und ihrer Umwelt eingehen. Unser Weltverhältnis wäre zerstört.

Erst dieses komplexe Wechselspiel macht die Zukunft aus Ihrer Sicht also realistisch ...

Ein System ist „lebendig" – und zukunftsfähig –, wenn es Störungen von außen in sich aufnimmt und darauf mit Neu-Konfigurationen reagiert. Das ist die Emergenz – das Kerngeheimnis des Lebens. Jeder von uns kennt die innere „Homöostase", jenes ausgleichende Auf und Ab von Stimmungen, von Angst und Mut, Schmerz und Glück. Jeder Mensch ist ein Puzzle, in dem ständig Teile ausgetauscht werden und neue Bilder und Perspektiven entstehen. Diese innere Kreativität ist lebenswichtig, aber sie braucht eben auch Pausen, Offline-Zeiten, Ruhephasen. Wenn wir unser ganzes Leben in Algorithmen pressen, dann nähern wir uns selbst dem Zustand von Robotern. Allerdings gibt es in der Kultur, im menschlichen Sein, auch eine natürliche Immunität gegen allzu viel Digitalität. Auf eine seltsame Weise wird uns durch das Digitale das Analoge wieder bewusst. Unsere Körperlichkeit. Unsere Verletzlichkeit. Unsere Berührbarkeit. Das Coronavirus hat diese Schleife noch einmal beschleunigt: Wir

„Was wir im Intelligenzvergleich zwischen Mensch und Maschine unterschätzen – und kleinreden –, ist unsere originär menschliche Fähigkeit zur Emotion. Emotionen sind innere Abkürzungen, die uns in die Lage versetzen, sehr schnell und unmittelbar auf komplexe Umweltlagen zu reagieren."

haben noch nie so viel digitale Medien benutzt wie im Lockdown 2020. Mit jeder weiteren Zoom-Konferenz wurde uns mehr bewusst, wie sehr wir das Physische, die Präsenz anderer Menschen brauchen.

Sie raten dazu, mehr auf natürliche Intelligenz zu vertrauen, statt sich vor künstlicher zu fürchten. Was meinen Sie damit?

Was wir im Intelligenzvergleich zwischen Mensch und Maschine unterschätzen – und kleinreden –, ist unsere originär menschliche Fähigkeit zur Emotion. Emotionen sind innere Abkürzungen, die uns in die Lage versetzen, sehr schnell und unmittelbar auf komplexe Umweltlagen zu reagieren. Nehmen wir die Fähigkeit zur Angst. Eine silikonbasierte Struktur kann womöglich Gefahren analysieren. Aber kann sie Angst „empfinden"? Dafür braucht sie einen Körper. Die enorme Faszination für Roboter und Künstliche Intelligenz, die derzeit die gesamte Zukunftsdebatte prägt, entsteht aus einer Übertragung menschlicher Aspekte auf eine Maschine. Man nennt das den anthropomorphen Effekt. Wir halten Computer irgendwie für tendenziell menschenähnlich. Ich treffe immer wieder Menschen, die davon ausgehen, dass „demnächst die Computer intelligenter sein werden als wir". Das ist erstens eine fatale menschliche Selbstabwertung und zweitens ein fundamentaler Irrtum. So können Menschen zum Beispiel so komplexe Gefühle wie Scham, Schuld, Liebe, Ehrfurcht erleben. Soll man das wirklich maschinell simulieren?

„Sicher, wir können nicht so schnell rechnen wie das Silikon. Aber wir können Dinge empfinden, Situationen ‚wittern', Zukunft imaginieren. Und wir können irren. Ist das nicht wunderbar?"

Wir sollten unsere natürliche Intelligenz also mehr wertschätzen, meinen Sie?

Unsere natürliche Intelligenz ist ungeheuer leistungsfähig, auch wenn wir das nicht so empfinden. Sie hat uns durch Millionen Jahre voller evolutionärer Bedrängungen geführt und uns vor dem Schicksal praktisch aller anderen Arten bewahrt – dem Aussterben. Gerade weil sie auf vielen Ebenen arbeitet, weil sie mehrschichtig, bisweilen paradox, zwischen Sinnen, Prozessen und Interaktionen verläuft und all dies sinnlich in uns abbildet, ist sie in enormer Weise adaptiv. Sicher, wir können nicht so schnell rechnen wie das Silikon. Aber wir können Dinge empfinden, Situationen „wittern", Zukunft imaginieren. Und wir können irren. Ist das nicht wunderbar?

Das heißt, trotz aller Vorteile, die KI bietet, fehlt ihr etwas Entscheidendes?

So ist es! Nehmen wir nur einmal den Pflegebereich: In den letzten Jahren hat sich gerade infolge der Digitalisierung eine wahre Flut von Registrierungspflichten über die Pflegekräfte ergossen, besonders über jene, die im häuslichen Bereich arbeiten. Pflegerinnen und Pfleger müssen jeden Handgriff in Listen eintragen – inzwischen meistens in elektronische Listen. Das geht nicht nur mit einem wahnsinnigen Zeitaufwand einher, es verdirbt auch Kommunikation. Pflegende und Patienten reden gar nicht mehr miteinander, weil alle unentwegt damit beschäftigt sind, Zeitpläne zu erfüllen. Dadurch entsteht bei den Patienten ein Gefühl der Einsamkeit, der Verlassenheit, obwohl man dauernd von „Service" umgeben ist. Und bei den Pflegenden stellt sich ein Erleben tiefer Entfremdung, von Stress und Sinnlosigkeit ein. Ein solches System zu optimieren – etwa durch KI –, würde genau das Falsche optimieren. Es würde immer mehr hocheffektive Zeiteinheiten definieren, immer effizientere Pläne entwerfen …

Wie löst man dann dieses Problem?

Buurtzorg – Nachbarschaftspflege – heißt ein Modell, das inzwischen weltweit 70.000 Mitarbeiter hat und sogar in China eingeführt werden soll. Der Grundgedanke ist, dass man bisweilen unendlich viel mehr Verbesserung erreicht, wenn man in humanen Fragestellungen über ein System und seine humanseitige Verbesserung nachdenkt. Buurtzorg-Gründer Jos de Blok und sein Team haben natürliche Intelligenz eingesetzt, um ein Problem zu lösen oder zumindest zu entschärfen, das vorher unlösbar erschien. Er schuf eine Pflegekultur, die auf Beziehungen und Bedeutungen gründet. Und die Begegnung optimiert. Das funktioniert mit autonomen Teams, die sich ihre Arbeit selbst organisieren – ohne große Bürokratie. Dabei spielt Technik nur am Rande eine Rolle. Er schaffte die extreme Arbeitsteilung, die Aufteilung in kleine Handgriffe, ab, sodass

ein Pfleger oder eine Pflegerin auch mehrere Tätigkeiten ausführen kann – Pillen ver-
abreichen, Bettwäsche wechseln, vorlesen. Er opferte Effizienz für mehr Effektivität.

**Das klingt eher nach einer Renaissance des Menschen, als dass KI ihn perspek-
tivisch überflüssig macht ...**

Seit vielen Jahren werden wir mit deprimierenden Prognosen überschüttet, wonach
Künstliche Intelligenz uns im Wirtschaftsleben endgültig überflüssig machen wird.
Der Mensch werde demnach aus der Arbeitswelt verschwinden wie das Pferd aus
der Landwirtschaft. Das ist jedoch völliger Unsinn: Je mehr ein Land, eine Volkswirt-
schaft, automatisiert wird, desto mehr Erwerbsarbeit gibt es. Allerdings in immer
schillernderen und differenzierteren Formen, in den zwischenmenschlichen Bereichen, im Coaching, im Teaching, in der Therapie. Immer dann, wenn sich technologisch ankündigte, dass ein Berufsstand maschinell substituiert wird, vermehrte er
sich auf magische Weise – auf einer höheren Komplexitätsstufe.

Wie sieht dann die Rollenverteilung von Mensch und Maschine aus?

Im Grunde genommen ist es ganz einfach: Die Künstliche Intelligenz treibt uns die
Treppe des Menschlichen hinauf. Sie übt einen Evolutionsdruck auf unsere genuin
menschlichen Fähigkeiten aus, indem sie uns neben den mechanischen nun auch
Teile der analytischen Routinen abnimmt. Aber sie nimmt uns nicht das Kognitive,
das Kreative ab. Im Gegenteil: Sie fordert es zu einem Sprung auf die nächsthöhere
Stufe der NI, der natürlichen Intelligenz, heraus. Wie sagte Jack Ma, der Gründer der
größten Internetfirma der Welt, Alibaba, so schön: „Lehre und lerne, was die Maschinen niemals können. Lerne Werte, unabhängiges Denken, Kunst, Einzigartigkeit,
Glauben, Teamwork und die Zuneigung zu anderen."

Was wäre Ihr Wunschszenario für die Zukunft?

Jede Technologie, die uns um unsere genuinen Fähigkeiten „erleichtern" will, erzeugt
einen Prothese-Effekt. Wenn wir ein Navigationssystem nutzen, verlernen wir, uns in
einer Stadt im Kopf zu orientieren. Wir verlernen eigene Kompetenzen, wenn sie uns
„abgenommen" werden. Ich wünsche mir Unternehmen, die Technik entlang der Humanität, der menschlichen Würde entwickeln. Würdevolle Technologie ist jene Technik, in der wir als nichtperfekte Wesen vorkommen. Die unser Verhalten differenziert,
nicht normiert. Die nicht verspricht, was sie nicht halten kann. Die den Prothese-Effekt gering hält, – sie gibt uns etwas hinzu, ohne uns dauernd etwas wegzunehmen.
Sie überfordert uns nicht, und sie macht uns nicht zur Bedienungshilfe, wie es bei
vielen digitalen Techniken ist: Wir sind inzwischen ja schon die eigene Bank und das
eigene Reisebüro, weil wir im Netz unentwegt Dienstleistungen FÜR die großen Plattformen machen und dabei unsere Daten abliefern. Gute Technologie, echte Zu-
kunftstechnologie, hat einen emanzipativen Effekt. Sie fordert uns heraus, uns in
Richtung Selbstkompetenz zu bewegen. Sie überwältigt uns nicht. Sie ermöglicht
Beziehungen zwischen realen Menschen, anstatt sie zu ersetzen. Und: Sie hat einen
großen Aus-Knopf.

Warum

der

Mensch

im Service den Unterschied macht

Dr. Ferri Abolhassan ist als Servicechef der Telekom Deutschland für rund 30.000 Mitarbeiter und 60 Millionen Kunden verantwortlich. Gemeinsam mit seinem Team definiert er Service neu: Trotz des Siegeszugs digitaler Technologien beziehungsweise gerade deshalb macht für ihn der Mensch den Unterschied. Darum hat er auch in seiner Formel für einen begeisternden Service einen ganz besonderen Stellenwert.

Wir erinnern uns an die legendäre TV-Werbung von Storck-Schokolade Ende der 1980er-Jahre. So fing sie an: „Wie könnte ich den kleinen Michael vergessen, der kam ja jede Woche. Und jedes Mal sagte er mit leuchtenden Augen: ‚Storck Riesen bitte, Frau Lange!‘ Einen Storck Riesen musste ich ihm immer sofort geben, die anderen in die Tüte packen."

So ähnlich wie beim kleinen Michael war es auch in meiner Kindheit. Schon als kleiner Knirps war ich Stammkunde in einem Tante-Emma-Laden bei uns um die Ecke. Ich war dort gerne Kunde. Nicht nur, weil ich mir umgeben von all dem leckeren Süßkram wie im Schlaraffenland vorkam, sondern auch, weil ich mich dort willkommen und gut behandelt gefühlt habe. „Meine Frau Lange" hatte für Groß und Klein stets ein freundliches Wort. Sie kannte jeden ihrer Kunden und dessen Vorlieben ganz genau. Und hin und wieder gab es einfach so ein Extraschmankerl obendrauf. Sie war zu jedermann hilfsbereit und zuvorkommend – nicht aus Pflichterfüllung, sondern aus Überzeugung. Das konnte man spüren.

Ja, ich erinnere mich gut an die Zeiten, als der Kunde noch König war. Das war aber nicht nur im Tante-Emma-Laden so, sondern auch in der Bäckerei, Metzgerei, der Gaststube oder Bankfiliale vor Ort. Damals hat man sich noch Zeit für den Kunden genommen, ihn persönlich beraten, ihn umsorgt, sich um ihn gekümmert – von Mensch zu Mensch. Der kostenlose Keks, die gerollte Scheibe Wurst, der Anruf des Filialleiters zum Weltspartag, das alles waren kleine Servicemomente, die die Kundenbeziehung emotional aufgeladen haben. Zu dieser Zeit wurde Service noch als selbstverständlicher Dienst am Kunden verstanden. Er war integraler Bestandteil des Geschäftsalltags.

1974: Erstes Callcenter entsteht

Irgendwann war damit jedoch vielerorts Schluss. Und zwar in den 1970er-Jahren, als die Callcenter-Ära begann. Die US-amerikanische Tourismusbranche war hier Vorreiter. Mit dem Telefonkontakt zwischen Unternehmen und Kunden wollte sie die Buchung von Flügen und Pauschalreisen einfacher machen. Die Anfragen sollten nicht mehr dezentral, also durch Mitarbeiter verschiedener Abteilungen, sondern zentral, in einer eigens dafür eingerichteten Abteilung angenommen und bearbeitet werden. So gründete die US-amerikanische Fluggesellschaft Continental Airlines 1974 das erste Callcenter.

Von Amerika schwappte der Trend nach Europa – zunächst nach England und Irland, dann recht schnell auch nach Deutschland. Fast jedes Unternehmen errichtete ein eigenes Callcenter. Deren Siegeszug war in den folgenden Jahrzehnten nicht aufzuhalten, es wurden immer mehr. 2017 arbeiteten in Deutschland in über 800 Callcentern rund 150.000 Menschen, die sogenannten Agents. Mit ganz vielfältigen Aufgaben: Fragen beantworten, Infos zu Produkten, Services oder Tarifen geben, sich um Reklamationen und Beschwerden kümmern, technische und kaufmännische Probleme lösen, Aufträge und Bestellungen annehmen, Marktforschung betreiben,

Produkte verkaufen, Auskünfte zu Telefonnummern oder dem Wetter erteilen. Durch diese Bandbreite an Angeboten sollten die Callcenter unser aller Leben einfacher und komfortabler machen – eigentlich.

Kostensenkung wichtiger als Kundenservice

Warum eigentlich? Weil die Praxis leider anders aussah: Mit wachsender Anzahl und Größe der Callcenter blieb der Kundenservice zunehmend auf der Strecke. Es ging den Unternehmen in der Folge immer stärker um Automatisierung und (Kosten-)-Effizienz. Die „Call Handling Time", also die Zeit, die ein Telefonat mit einem Kunden durchschnittlich dauern darf, wurde zur wichtigsten Kennzahl der Branche. Die Agenten sollten die Anrufe möglichst schnell abwickeln. Jede Minute länger in der Hotline war ein Kostenfaktor. Also hat die Servicebranche mit Scheuklappen auf den Augen automatisiert und spezialisiert, was das Zeug hält – und immer mehr Personal eingespart. Vielen Managern fehlte es zu dieser Zeit an Erfahrungen im Umgang mit den Kunden. Ihr Interesse und Augenmerk lag klar auf den KPIs.

Der gängige Glaube war: Effizienz steht vor Kundenzufriedenheit, darum leiste ich mir nur so viel Service wie nötig. Damit ist der Servicegedanke schlichtweg übersteuert worden – auch in der Telko-Industrie. Ja, auch unsere Branche hat sich im Prinzip kaputtgespart und – schlimmer noch – den Kunden mit seinen Bedürfnissen zunehmend aus den Augen verloren. Es gab jetzt zwar immer mehr Kanäle und Zugangswege, aber unterm Strich weniger Service.

Wir definieren Service neu

Das war aus meiner Sicht der völlig falsche Weg. Darum haben wir uns bei der Telekom Deutschland entschieden, Service neu zu definieren! Wir managen keine Kosten mehr, wir managen die Zufriedenheit unserer Kunden. Dafür stellen wir den Menschen wieder konsequent in den Mittelpunkt: den Kunden mit seinen individuellen Bedürfnissen, aber auch den Mitarbeiter mit seinen persönlichen Fähigkeiten. Wir wollen weg vom Taylorismus und Agents mit austauschbaren Skills, hin zu gut ausgebildeten Beratern, die in der Lage sind, auch komplexere Kundenanliegen mit der nötigen Empathie zu lösen. Denn, davon bin ich fest überzeugt, trotz aller digitaler Hilfsmittel macht der Mensch im Service den Unterschied – heute und in Zukunft.

Und darum geht es mehr denn je: Einen Service zu bieten, der sich vom Durchschnitt abhebt und den wachsenden Anforderungen der Kunden jederzeit gerecht wird. Dazu gehören keine oder wenn dann kurze Wartezeiten, eine gute Erreichbarkeit der Hotline, kompetente Ansprechpartner, die Lösung eines Anliegens möglichst im ersten Kontakt, Verlässlichkeit, Fehlervermeidung, proaktiver Service und auch intuitive Selfservices – das alles rund um die Uhr, in Echtzeit. Einen solchen Service hinzustellen, ist nicht trivial, trotzdem haben wir uns dieser Aufgabe verschrieben. Wir wollen unseren Kunden wieder so viel Service bieten, wie sie brauchen. Das ist ein echter Paradigmenwechsel.

Bester Service ist Differenzierer

Neben bestem Netz und besten Produkten wird bester Service immer stärker zum Differenzierer im Markt. Er hat maßgeblichen Einfluss auf die Zufriedenheit und Kaufentscheidung von Konsumenten. Unser erklärtes Ziel ist es daher, unseren Kunden einen tadellosen Service zu bieten. Das Ambitionslevel ist „null Beschwerden". Diesen extrem hohen Anspruch müssen wir haben, um uns nachhaltig zu verbessern und unsere Kunden zu begeistern. Auch wenn wir natürlich wissen, dass dieses Ziel unerreichbar ist, dass es trotz aller Anstrengungen am Ende des Tages immer einen Kunden geben wird, der unzufrieden ist.

Schließlich haben wir rund 60 Millionen Privat- und Geschäftskunden. Diese nutzen unsere vielfältigen Mobilfunk-, Festnetz- und Breitbandangebote und kontaktieren uns etwa 100 Millionen Mal im Jahr. Das sind 270.000 Kontakte tagein tagaus. Auch wenn für uns jeder Kunde zählt, ist das eine echte Challenge, jeden einzelnen Kunden jedes Mal zufriedenstellen zu wollen. Und am Ende des Tages sind natürlich auch unsere zeitlichen und finanziellen Ressourcen endlich. Auch wir müssen mit dem uns anvertrauten Budget verantwortungsvoll haushalten und können jeden Euro nur einmal ausgeben.

Unsere Formel für besten Service

Was braucht es also dafür, diese hohen Ansprüche zu erfüllen, die wir als Telekom Deutschland an uns selbst stellen? Es braucht dafür großen Mut, viel Leidenschaft, einen langen Atem und vor allem die richtige Strategie. Darum haben wir unsere ganz eigene Serviceformel entwickelt, die sich aber auch auf andere Branchen problemlos übertragen lässt. Eine Formel, mit der wir holistisch daran arbeiten, für unsere Kunden den besten Service hinzustellen – und das nicht nur manchmal, sondern immer.

Unsere – auf den ersten Blick sehr einfache – Gleichung lautet: Die besten Mitarbeiter plus die beste IT/Digitalisierung, unterstützt durch die beste Transformation, ergeben unterm Strich die beste Kundenzufriedenheit. Erst daraus resultiert – und das war der Denkfehler der Callcenter-Ära – die beste Effizienz. Denn zufriedene Kunden rufen kein zweites oder drittes Mal wegen des gleichen Anliegens an. Bei zufriedenen Kunden muss unser Außendienst kein zweites oder drittes Mal raus zum Kunden. Das spart enorm viel Zeit und Aufwand. Und das ist dann wirklich effizient.

Beste Mitarbeiter brauchen Freiraum ...

So einfach wie diese Gleichung klingt, ist sie allerdings nicht. Die einzelnen Bestandteile sind mit viel Arbeit verbunden. Ich möchte das gern näher erläutern und mit dem wichtigsten Punkt starten: beste Mitarbeiter. Wie macht man ein Serviceteam aus rund 30.000 Menschen an 800 Standorten zu besten Mitarbeitern? Aus meiner Sicht braucht es dafür eine Kombination aus Freiraum und Förderung. Mehr Freiraum bedeutet mehr Wertschätzung, mehr Eigenverantwortung, mehr Zufriedenheit und mehr Motivation. Und gleichzeitig auch bessere Lösungen für die Kunden, weil unsere Berater und Techniker am ehesten wissen, was diese brauchen.

„Weniger zentrale Vorgaben, mehr persönliche Entscheidungsbefugnis, ist das Motto. Darum ermutigen wir unsere Kundenberater, fernab starrer Vorgaben Entscheidungen zu treffen. Erlaubt ist, was gut für den Kunden ist."

> „Neben Freiraum und Know-how ist es auch eine Frage der Haltung, wie schnell wir auf dem Weg zu tadellosem Service vorankommen. Es kommt darauf an, dass jeder einzelne von uns seinen Kunden gerne betreut, ihn und sein Anliegen ernst nimmt, Empathie zeigt und sich persönlich verantwortlich fühlt."

ANDERSMACHER

Darum haben wir zum Beispiel unseren Teamleitern im Außendienst mehr Verantwortung im Tagesgeschäft übertragen. Sie sind für 8.000 Kolleginnen und Kollegen zuständig, die täglich bis zu 40.000 Kunden an unser Netz anschließen. Und da sie die Fähigkeiten unserer Servicetechniker am besten kennen, haben wir ihnen mehr Handlungsspielraum bei der Einsatzplanung gegeben: Macht eine Auftragsbündelung im konkreten Fall Sinn? Welcher Kollege kann diesen Auftrag am besten ausführen? Welche Weiterqualifizierung benötigt der jeweilige Mitarbeiter? Weniger zentrale Vorgaben, mehr persönliche Entscheidungsbefugnis, ist das Motto. Gleiches gilt für die Servicecenter, also unsere Hotline. Wir möchten, dass unsere Kundenberater für die Anliegen der Kunden mehr Verantwortung übernehmen – von Ende zu Ende, sprich, vom initialen Problem bis zur finalen Lösung. Dafür braucht es das nötige Know-how, viel Einfühlungsvermögen und vor allem ein gesundes Selbstbewusstsein. Denn wir fordern unsere Mitarbeiter ganz bewusst dazu auf, bestehende Regeln und Prozesse zu hinterfragen. Denn es geht uns nicht um das Einhalten von Abläufen und Vorgaben – das ist die alte Welt –, sondern darum, den Kunden zufriedenzustellen und im besten Fall sogar zu begeistern. Darum ermutigen wir unsere Kundenberater, fernab starrer Vorgaben Entscheidungen zu treffen. Erlaubt ist, was gut für den Kunden ist.

... und Förderung

Mit diesem Freiraum muss man jedoch umgehen können. Das kann für viele Mitarbeiter zunächst eine Herausforderung sein, Dinge plötzlich selbst entscheiden zu dürfen. Außerdem müssen sie am Puls der Zeit bleiben, um stets die beste Lösung anbieten und die wechselnden Erwartungen der Kunden erfüllen zu können. Darum setzen wir in unserem Serviceteam neben mehr Freiraum auch auf mehr Förderung: Damit unsere Mitarbeiter die Kunden optimal beraten können, schulen wir sie kontinuierlich zu neuen Produkten und Services. In unseren Servicecentern haben wir eigens Showrooms eingerichtet, wo unsere Beraterinnen und Berater die neuesten Produkte ausprobieren und kennenlernen können.

Außerdem haben wir das persönliche Coaching unserer Mitarbeiter durch ihre Teamleiter intensiviert. Nicht als Einmal-Aktionen, sondern als kontinuierlichen, begleitenden Prozess im Arbeitsalltag. Mit Wissensdatenbanken unterstützen wir unsere Servicekräfte bei der Kundenberatung und Problembehebung. Und sollte es einmal ganz kompliziert werden, können unsere Berater das Kundenproblem in speziellen Technikräumen nachvollziehen und so schneller eine Lösung finden.

Wir investieren also noch stärker als zuvor in unsere Mitarbeiter, in ihre Kompetenzen, in ihre Ausrüstung, in ihre Zeit mit dem Kunden. Weil wir überzeugt davon sind, dass es sich lohnt. Der britische Unternehmer Sir Richard Branson hat einmal gesagt: „Clients do not come first. Employees come first. If you take care of your employees, they will take care of the clients." Und damit hat er aus meiner Sicht absolut recht. Wenn sich Unternehmen gut um ihre Mitarbeiter kümmern, kümmern die sich auch gut um die Kunden. Das ist eine klassische Win-win-Situation!

Service ist eine Haltung

Neben Freiraum und Know-how ist es aber auch eine Frage der Haltung, wie schnell wir auf dem Weg zu tadellosem Service vorankommen. Es kommt darauf an, dass jeder einzelne von uns seinen Kunden gerne betreut, ihn und sein Anliegen ernst nimmt, Empathie zeigt und sich persönlich verantwortlich fühlt. Darauf, dass wir alle ein einheitliches Serviceverständnis und den Anspruch haben, als Problemlöser aufzutreten. Das gilt nicht nur für die Basis, sondern auch für uns im Management. Daher setze ich mich mit meinen Kollegen aus der Geschäftsleitung intensiv mit Fragestellungen aus dem operativen Tagesgeschäft auseinander. Unsere Devise lautet: Hinschauen statt wegschauen! Anpacken statt aufschieben! So besprechen wir z. B. in jeder GL-Sitzung 2-3 missglückte Servicefälle. Dabei nehmen wir ganz bewusst die Kundenperspektive ein und analysieren, was schiefgelaufen ist. Das sensibilisiert uns auf der einen Seite für die Herausforderungen und Bedürfnisse unserer Mitarbeiter, andererseits bringt uns der Realitätscheck immer wieder Ideen für neue Herangehensweisen an bestimmte mitunter wiederkehrende Anliegen.

Ich selbst suche auch ganz bewusst den Kundenkontakt und den Austausch mit meinem Team. Ob bei meinen regelmäßigen Besuchen in den Servicecentern oder unterwegs mit unseren Technikern im Außendienst höre ich mir persönlich an, wo der Schuh drückt und was unsere Kunden bewegt. Dabei reden wir ganz offen und ehrlich. Denn ich möchte verstehen, wie wir aus der Zentrale in Bonn unsere Mitarbeiter im täglichen Kundenkontakt noch besser unterstützen können, wo es Potenzial für Verbesserungen gibt und welche Prozesse wir optimieren können, damit unsere Serviceformel aufgeht.

„Tadelloser Service gelingt nur, wenn wir unseren Mitarbeitern und Kunden zuhören und unser Handeln konsequent an ihren Bedürfnissen ausrichten. Denn bei aller Digitalisierung gilt: Der Mensch ist die Superkraft, die im Service den Unterschied macht."

Dialog ist für mich hier ein ganz wesentlicher Schlüssel zum Erfolg. So kann ich unsere Mitarbeiter persönlich motivieren, ihnen Mut machen, die neu gewonnenen Freiheiten im Sinne der Kunden zu nutzen. Ich kann sie in den laufenden Veränderungsprozess involvieren, ihnen unsere Ende-zu-Ende-Denke vermitteln, ihren Blick erweitern und das Kundenfeedback, von dem sie mir berichten, wiederum in unseren Veränderungsprozess einbringen. Darum ist dieser kontinuierliche Austausch so wertvoll.

Beste IT/Digitalisierung unverzichtbar

Doch die besten Mitarbeiter allein genügen in Zeiten der Digitalisierung nicht, um einen tadellosen Service hinzustellen. Stichwort „Liquid Expectations": Was die Kunden bei Firma X erleben, erwarten sie in der Folge auch von anderen Unternehmen, in anderen Branchen. Wer rund um die Uhr shoppen kann, erwartet auch, dass seine Fragen rund um die Uhr beantwortet werden, dass seine Anliegen rund um die Uhr gelöst werden – schnell und unkompliziert. Hierbei sind digitale Tools unverzichtbar. Damit wären wir beim zweiten Punkt unserer Serviceformel: beste IT und Digitalisierung. Bei Telekom Deutschland setzen wir verstärkt innovative Technologien zur punktuellen Unterstützung unserer Kundenberater ein:

> Einen digitalen Assistenten „Frag Magenta", der über das Internet einfache Kundenfragen direkt beantwortet,
> 2.400 Software-Roboter, die Routinetätigkeiten in unserem Backoffice erledigen (RPA sagt man dazu im Fachjargon),
> die Web-Anwendung „Mein Telekom Techniker", mit der unsere Kunden ganz transparent sehen, wann unser Techniker kommt,
> die SprachID, ein Voice-Biometrie-Verfahren, das es unseren Kunden erlaubt, sich allein mit ihrer Stimme schnell und sicher an der Hotline auszuweisen,
> diverse Außendienst-Apps wie die MessApp, mit denen unsere Techniker die Anschlüsse unserer Kunden noch schneller und einfacher schalten können,
> und natürlich unsere MeinMagenta-App, die inzwischen über 50 verschiedene Servicefunktionen beherrscht.

Mit diesen und vielen weiteren Tools (siehe auch den Beitrag meiner Kollegin Elke Anderl auf S. 60) bedienen wir aber nicht nur die Erwartungen unserer Kunden an einen 24/7-Service, wir nehmen damit auch Mengen aus dem System. Das ist eine wichtige Voraussetzung dafür, damit wir mehr Zeit für einen persönlichen Kundenservice von Mensch zu Mensch haben.

Smarte Kombination aus Mensch und Technik

Ebenfalls ganz entscheidend ist für uns der „360-Grad-Kundenblick", sprich, dass wir im Innendienst alle Infos, die den Kunden betreffen, in einem IT-System verfügbar haben – egal, ob es um Mobilfunk, Festnetz oder MagentaTV geht. Egal, ob es um seine unterschiedlichen Verträge, Vorlieben oder bisherigen Anliegen geht. Alle diese Informationen bündeln wir in einer holistischen Übersicht für unsere Mitarbeiter. Dieser 360-Grad-Blick auf den Kunden ist das beste Beratungsfundament für einen begeisternden Service.

Letztlich geht es immer um eine smarte Kombination aus Menschen und technischen Möglichkeiten. Darum setzen wir neue Technologien immer mit Augenmaß ein und geben unseren Mitarbeitern wie den Kunden die Gelegenheit, die Entwicklung mitzugestalten und positive Erfahrungen damit zu machen. Erst das bringt die nötige Akzeptanz. Digital denken, empathisch lenken, nennen wir das. Ein wichtiges Element ist an dieser Stelle unsere Telekom-Ideenschmiede, in der wir neue digitale Services regelmäßig mit unseren Kunden verproben und im Bedarfsfall nachbessern. Denn wir wollen nur digitale Innovationen anbieten, die dem Kunden wirklich einen Mehrwert bieten. Und wer kennt die Wünsche und Vorlieben des Kunden besser, als er selbst?

Beste Kundenzufriedenheit korreliert mit Erstlösungsquote

Wenn wir also in unsere Mitarbeiter, in ihre Aus- und Weiterbildung investieren, sie durch eine bessere IT und Digitalisierung mit Augenmaß unterstützen, dann haben sie auch mehr Zeit für die Anliegen unserer Kunden und können diese viel eher im ersten Kontakt lösen. Und wenn wir unsere Kunden nicht weiterverbinden oder sie nochmals anrufen müssen, machen wir einen großen Schritt hin zur besten Kundenzufriedenheit. Das wissen wir aus vielen Gesprächen, dass die Erstlösungsquote ganz stark mit der Zufriedenheit unserer Kunden zusammenhängt. Gleichzeitig reduzieren wir auf diese Weise auch das Call-Aufkommen in unseren Servicecentern und verschaffen unseren Beratern zusätzlichen Freiraum, um sich um komplexere Anliegen zu kümmern. Das ist dann eine Effizienz, von der Kunden und Unternehmen gleichermaßen profitieren.

Außerdem gewinnen wir zudem mehr Zeit, unseren Kunden neue Produkte und Services zu empfehlen, die zu ihren individuellen Bedürfnissen passen, die sie an der digitalen Welt, in der wir leben, teilhaben lassen. Dabei geht es uns um einen wertorientierten Verkauf. Welcher Kunde braucht welches Produkt wirklich? Was bietet ihm einen echten Mehrwert? Diese Fragen wollen wir beantworten und das entsprechende Produkt, den entsprechenden Service anbieten. Denn auch bester Absatz ist ein Bestandteil unserer Serviceformel und für uns elementar wichtig – da bin ich ganz ehrlich. Das Buzzwort an dieser Stelle lautet „Conversion Rate". Wir wollen gute Gespräche einerseits dafür nutzen, Vertrauen aufzubauen und Anliegen zu lösen, andererseits aber auch, um den Kunden noch stärker an unser Unternehmen zu binden. Nicht nur, dass die Hotline einer unserer wichtigsten Vertriebskanäle ist. Erst dieser zusätzliche Umsatz macht besten Kundenservice überhaupt bezahlbar. Denn das Budget für eine qualitativ hochwertige Serviceorganisation aus rund 30.000 Mitarbeitern muss ja irgendwo herkommen. Letztendlich können wir nur das Geld in einen persönlichen und kundennahen Service investieren, das unsere Kunden bereit sind genau dafür zu bezahlen.

Beste Transformation unterstützt dabei

Damit unsere Serviceformel aufgeht und die Erstlösungsquote weiter steigt, setzen wir zudem auf beste Transformation. So transformieren wir unsere Serviceorganisa-

tion derzeit in schlagkräftige Einheiten mit einer noch stärkeren Kundenzentrierung. Schritt für Schritt wollen wir näher an unsere Kunden heran. Dafür verfolgen wir verschiedene Ansätze und probieren neue Arbeitsmodelle aus. Dazu gehört etwa unser Pilotprojekt „TEX" in mehreren Servicecentern. TEX steht für Telekom Expertenteam. Alle TEX-Kundenberater sind ausgewiesene Mobilfunkexperten mit klarem Fokus: eine Lösung des Kundenanliegens schon beim ersten Kontakt. Die Kunden aus einer Region landen immer in denselben Serviceteams, idealerweise sogar beim selben Berater – mit speziellem regionalen Know-how. Dazu haben wir die Kundenregionen nach Postleitzahlen und Größe zugeschnitten – passend zu den Expertenteams. Ob geografische Besonderheiten oder spezielle Wetterlagen, das regionale Wissen erleichtert den Kontakt und trägt zum gegenseitigen Verständnis bei. Freiheit wird auch in diesen Teams groß geschrieben: Der Leiter einer Kundenregion hat ganzheitliche Verantwortung für seine Teams und kann alle wichtigen Entscheidungen selbstständig treffen. Außerdem steuert er sein Team über den sogenannten „Ergebnisbeitrag", der verschiedene Kennzahlen vereint. Auch Vertriebsergebnisse fließen hier ein. Damit kann der Leiter einer Kundenregion wirtschaften wie mit einem Konto, Ressourcen nach eigenem Ermessen gezielt für bestimmte Themen aufwenden oder abziehen und so besser für die Zukunft planen.

Raus aus den Silos

Einen ähnlichen Ansatz verfolgen wir im Technischen Kundenservice. Hier bilden wir Lösungsteams, die verschiedene Kompetenzen – von Festnetz über IPTV bis hin zu Mobilfunk und Heimvernetzung – bündeln. Bis zu 20 Mitarbeiter bilden ein Team, das diese verschiedenen Qualifikationen zusammenbringt und auf einer gemeinsamen Bürofläche sitzt. Alle Teammitglieder nehmen die Anliegen der Kunden direkt an. Kein Berater leitet mehr an einen Kollegen weiter. Weiß ein Kundenberater während eines Calls nicht weiter, winkt er einen Fachansprechpartner herbei und löst den Fall gemeinsam mit ihm. Kommt es einmal vor, dass selbst dieser Fachansprechpartner überfragt ist, wird ein sogenannter „Genius" eingeschaltet. Das sind Experten, die über ein bestimmtes Thema ganz besonders gut Bescheid wissen. Mit dem „Genius" erarbeiten unsere Kundenberater dann gemeinsam eine Lösung und rufen den Kunden zurück. Denn auch Verlässlichkeit ist ein wesentlicher Treiber für Kundenzufriedenheit.

Durch diese übergreifende Zusammenarbeit wollen wir raus aus den Silos. Zudem lernen die Mitarbeiter – dank unterschiedlicher Kompetenzen – im täglichen Betrieb ständig dazu. Auch das ist ein wichtiger Faktor für besten, tadellosen Service. Diese verschiedenen Ansätze sind für uns die Vorläufer für Regiocenter. In diesen wollen wir wirklich alle Kompetenzen in Teams bündeln und unsere Kunden klar zuordnen. Das erste Regiocenter haben wir in Frankfurt am Main gestartet und sammeln dort bereits Erfahrungen. Diesen Ansatz werden wir auf weitere Servicecenter ausrollen, um näher an unsere Kunden zu kommen. Perspektivisch sollen die Regioteams dann alle Anliegen aus einer Hand lösen – egal, worum es geht. Dahin wollen wir uns transformieren.

Serviceformel zeigt Wirkung

So wollen wir einen tadellosen Service schaffen, der unsere Kunden jederzeit begeistert. Unsere drei zentralen Elemente der Serviceformel – die besten Mitarbeiter, die beste IT/Digitalisierung und die beste Transformation – zahlen allesamt darauf ein. Und ich erlebe, dass wir an vielen Stellen durch unsere Serviceformel bereits einen großen Schritt vorangekommen sind und historische Bestwerte erzielen: kürzeste Wartezeiten, niedrigster Beschwerdestand, höchste Erstlösungsquote, höchste Termintreue im Außendienst. Auch externe Experten bestätigen regelmäßig unsere Fortschritte und wir sind mehrfacher Testsieger.

Damit geben wir uns jedoch noch lange nicht zufrieden. Denn wie gesagt: Für uns zählt jeder Kunde! Und noch stellen wir nicht jeden Kunden zufrieden. Das wissen wir und das ärgert uns am meisten. Denn nur, wenn wir die steigenden Erwartungen unserer Kunden jederzeit erfüllen oder gar übertreffen, machen wir aus Kunden echte Fans.

Aber einen Kundenservice unserer Größe neu zu definieren, ist nun einmal ein langwieriger Prozess. Eine solch umfassende Servicetransformation braucht Zeit und gelingt leider nicht von heute auf morgen. Ich sage immer: Tadelloser Service ist kein Sprint, sondern ein Marathon! Dafür braucht man einen langen Atem. Mein Team und ich haben diesen langen Atem. Und wir sind überzeugt: Wir haben die richtige Formel, um den besten Service hinzustellen und den Kunden wieder, wie zu Zeiten der Tante-Emma-Läden, zum König zu machen – dank bester Mitarbeiter, bester IT/Digitalisierung und bester Transformation.

Superkraft Mensch macht den Unterschied

Besonders entscheidend ist aus meiner Sicht dabei der erste Punkt. Früher als IT-Chef dachte ich, mit smarter Technologie lasse sich jedes Problem lösen. Heute als Servicechef weiß ich: Digitale Innovationen können zwar dabei helfen, aber letztlich ist der Mensch die Superkraft, die im Service den Unterschied macht. Keine noch so intelligente Maschine kann die Erfahrung und Empathie eines Kundenberaters aus Fleisch und Blut ersetzen. Und gerade die zunehmende Digitalisierung weckt bei den Kunden die Sehnsucht nach persönlicher Betreuung von Mensch zu Mensch.

Unsere Erfahrungen aus dem Telekom Service zeigen: Um schnell an Infos zu kommen, lassen sich die Kunden bereitwillig auf intelligente Software ein, bei individuellen Anliegen bevorzugen sie jedoch den persönlichen Austausch mit unseren Beratern. Das hat auch eine Umfrage von Pegasystems bestätigt: Demnach glauben zwar 42 Prozent der Konsumenten, dass Künstliche Intelligenz den Kundenservice verbessern kann, 80 Prozent bevorzugen jedoch nach wie vor den menschlichen Kontakt. Deshalb bleibt der Kundenservice auch weiterhin eine menschliche Disziplin.

Wissen zum Mitnehmen

1 In der Callcenter-Ära ist der Servicegedanke übersteuert worden – auch in der Telko-Industrie.

2 Telekom Deutschland definiert Service neu: Wir managen keine Kosten mehr, wir managen die Zufriedenheit unserer Kunden.

3 Dafür stellen wir den Menschen wieder konsequent in den Mittelpunkt: den Kunden mit seinen individuellen Bedürfnissen, aber auch den Mitarbeiter mit seinen persönlichen Fähigkeiten.

4 Unsere Serviceformel lautet: Die besten Mitarbeiter plus die beste IT/Digitalisierung, unterstützt durch die beste Transformation, ergeben unterm Strich die beste Kundenzufriedenheit.

5 Beste IT und beste Transformation sind zwar unverzichtbar für einen tadellosen Service, aber letztendlich macht der Mensch im Service den Unterschied.

6 Die Erfahrung und Empathie des Menschen ist durch keine noch so intelligente Maschine zu ersetzen.

7 Wir investieren also noch stärker als zuvor in unsere Mitarbeiter, in ihre Kompetenzen, in ihre Ausrüstung, in ihre Zeit mit dem Kunden.

8 Tadelloser Service ist kein Sprint, sondern ein Marathon! Dafür braucht man einen langen Atem.

Sabine Hübner

Von der großen Macht

kleinster Mensch-momente

Sabine Hübner arbeitet als Service-Performance-Beraterin für führende Unternehmen in Deutschland, Österreich und der Schweiz. Sie hält Vorträge und veröffentlichte mehrere erfolgreiche Bücher zum Thema Service. Die gebürtige Österreicherin lebt in Düsseldorf und ist überzeugt: Je digitaler unsere Welt wird, desto entscheidender werden die „Menschmomente" im Service.

Mein Knie pocht wie wild nach der ambulanten OP. So gut es geht, mache ich es mir auf meinem Sofa bequem. Jetzt ein Cappuccino, mein Lieblingsbuch, eine kuschelige Decke … sehnsüchtig schaue ich mich um. Kaffeemaschine, Bücherregal und Deckenkorb sind gefühlte 1.000 Meter weit weg. Frust. In diesem Moment klingelt mein Telefon. „Hallo Frau Hübner", meldet sich meine Bankberaterin, „ich rufe an wegen unseres Termins …" „Frau Müller!", unterbreche ich sie, „das passt gerade nicht so gut. Ich hatte heute früh eine kleine OP, und der Arzt sagte, nach einer Vollnarkose soll ich keine wichtigen Entscheidungen treffen." Ich will das Gespräch schnell beenden, weil ich mit der Standardfloskel rechne: „Dann rufe ich Sie gerne nächste Woche noch einmal an. Gute Besserung!" Doch es kommt ganz anders. „Ach Du liebe Zeit, Frau Hübner, sind Sie denn versorgt? Oder kann ich Ihnen etwas bringen?", schaltet die Bankberaterin auf eine ganz andere Tonlage um. Ich lehne dankend ab, spüre aber: Wenn ich einen Liter Milch gebraucht hätte, wäre sie in fünfzehn Minuten da gewesen. Einfach so.

Das war ein Menschmoment, der mich sehr bewegte. Ich will gar nicht wissen, was ein Algorithmus aus dieser Situation gemacht hätte. Warum es genau richtig war, dass meine Bankberaterin aus ihrer professionellen Rolle gefallen war und wie eine fürsorgliche Nachbarin reagierte? Sie hat mich im genau richtigen Moment als Mensch gesehen und sich in eine Serviceheldin verwandelt. Heldinnen und Helden überwinden Grenzen: menschliche Grenzen, technische Grenzen. Sie machen etwas möglich, das unmöglich schien. Dafür lieben wir sie. Dafür lieben wir eine Marke.

Je digitaler unsere Welt wird, desto entscheidender werden Menschmomente im Service – im persönlichen Kundengespräch genauso wie am Telefon oder im digitalen Service Live Chat. Menschmomente sind Serviceglücksbringer, die das Leben unserer

Kunden lebenswert machen. Menschmomente sind Mutmacher, wenn es ums Durchhalten geht. Menschmomente sind Ideengeneratoren, weil in ungewöhnlichen Situationen immer auch eine Menge Innovationspotenzial steckt. Und was braucht es dafür? Meine Praxis zeigt: Es kommt nicht darauf an, WAS genau den Moment ausmacht. Sondern WIE er uns berührt. Und mehr noch: WER es war, mit dem wir diesen Moment geteilt haben. Die magische Zutat heißt Empathie. Und der Möglichmacher für Empathie heißt Freiraum. Lassen Sie uns beide Aspekte im Detail anschauen:

Empathie macht den Unterschied

Ein Menschmoment verwandelt die Welt für einen Augenblick in einen besseren Ort. In ein magisches Jetzt. Das ist es, was Kunden begeistert. Ihre Kunden brauchen eben nicht nur präzise, schnelle Prozesse, sondern auch ein offenes Ohr. Sie möchten mit Ihnen gemeinsam feiern, wenn es im Business gut läuft und schätzen einen Lichtblick in schwierigen Zeiten – und sei „schwierig" nur, dass Sie auf dem heimischen Sofa festsitzen. Die besten Servicemomente sind solche, in denen Ihr Kunde Empathie spürt und Vertrauen, in denen er Orientierung und Haltung findet, in denen er sich verstanden und gesehen fühlt.

Menschmomente leben von Empathie

Wir alle haben eine natürliche Sehnsucht, gesehen zu werden. Und auch, wenn wir in einer zunehmend digitalen Welt leben, bleiben unsere Wünsche die gleichen. Sie werden nur anders erfüllt. Heute meine ich, können sie mit Unterstützung digitaler Technik sogar besser erfüllt werden als je zuvor. Weil Mitarbeiter sofort auf Kundendaten zugreifen und sofort für den Kunden wirksam werden können. Die potenzielle Serviceheldentat ist immer nur einen Klick entfernt: Klick, die Zahlung haben wir angepasst. Klick, den Termin haben wir verschoben. Klick, die gesuchte Ware konnten wir bei einem Zwischenhändler doch noch für Sie ordern.

Dass Mitarbeiter als Schnittstelle zwischen Kunde und Organisation einen solchen Unterschied machen, ist einerseits eine Riesenchance für Unternehmen. Andererseits ist es das Einfallstor für Stieseligkeiten aller Art. Wenn einer kann, heißt das noch lange nicht, dass er auch will. An dieser Stelle scheitert Service heute viel zu oft. Oft hapert es daran, dass Mitarbeitende gar keine Idee davon haben, was Servicehaltung für sie persönlich und ihre Aufgabe eigentlich bedeutet. Und es hapert nicht zuletzt daran, dass ihre Führungskräfte es ihnen auch nicht nahebringen, weil in der Alltagshektik alles andere wichtiger scheint als Haltung: Regularien, Dienstpläne, Kennzahlen – Sie wissen, was ich meine.

Der Kunde bleibt Ihnen aber nicht wegen Ihrer Regularien, Dienstpläne und Kennzahlen treu. Es interessiert ihn auch nicht, ob Sie Ihre Margen erfolgreich vergrößern, Ihren Umsatz steigern und neue Potenziale entwickeln, wie es im Vertrieb so schön heißt. Ja, natürlich ist es richtig, auch auf diese Faktoren zu schauen. Ihr Kunde bleibt aber trotzdem nur deshalb bei Ihnen, weil er sich bei Ihnen aufgehoben fühlt. Weil er Professionalität und Empathie spürt. Sagen wir ruhig: Kundenliebe.

MENSCHENVERSTEHERIN

„Ich werde oft gefragt: ‚Kann man Empathie lernen?‘ Meine Erfahrung aus vielen Projekten und unserem eigenen Unternehmen ist eindeutig: ‚Ja‘."

Empathie kann man lernen

Ich werde oft gefragt: „Kann man Empathie lernen?" Meine Erfahrung aus vielen Projekten und unserem eigenen Unternehmen ist eindeutig: „Ja". Natürlich gibt es Menschen, denen Empathie in die Wiege gelegt ist. Die Fähigkeit dazu wurde fast jedem in die Wiege gelegt. Aber nicht jeder macht etwas daraus. Und deshalb gibt es diesen Samen, den man bei fast jedem zum Keimen, Wachsen und Blühen bringen kann – mit ganz unterschiedlichen Ergebnissen, denn jeder lebt Empathie auf seine Weise. Zwischen verschmitztem Zwinkern und überbordendem Feuerwerk ist alles drin.

Sachlich betrachtet, entsteht eine empathische Handlung in vier Stufen. Und jede dieser Stufen lässt sich entwickeln: Konzentration, Wahrnehmung, Kreativität und Mut.

1. Konzentration ist oft eine Frage der Organisation. Das fängt am Schreibtisch an, auf dem Unterlagen schnell zu finden sind oder eben nicht. Das geht weiter mit wichtigen Abteilungen, die intern gut erreichbar sind oder eben nicht. Und es spiegelt sich nicht zuletzt in der Organisation der Daten und Geräte. Im Service erleben wir derzeit einen Boom der Mobilgeräte, von der digitalen Serviceannahme im Autohaus bis zur mobilen Bestellung und Bezahlung im Restaurant. So begrüßenswert diese Service-Gadgets auch sind. Wie oft hören Sie: „Einen Moment bitte, das System hakt." Wenn furchtbar programmierte Eingabefelder und langsame Netzwerke die gesamte Aufmerksamkeit der Mitarbeiter binden, dann bleibt für Konzentration und Empathie wenig Freiraum.

2. Wahrnehmung lässt sich trainieren. Mimik und Gestik, Sprachmelodie und Sprechtempo, Wortwahl und Themen, die der Kunde extra nicht anspricht – all das findet statt. Mitarbeiter brauchen allerdings Training, um die versteckten Botschaften des Kunden richtig zu entschlüsseln. Viele brauchen Ermutigung, offener mit dem Kunden in den Dialog zu gehen: Reden hilft, die eigene Perspektive zu ändern und die des Kunden zu verstehen. Dazu kommt der persönliche Lebensstil: Je mehr Kundensituationen und verschiedene Kulturen ich selbst erlebt habe, desto besser kann ich das Denken und Fühlen meines Gegenübers nachvollziehen. Wie soll ein Mitarbeiter wissen, wie sich das Warten auf den Abschleppdienst im strömenden Regen anfühlt, wenn er selbst noch nie eine Autopanne hatte? Woher soll er wissen, wie es Kunden ohne Rückflug geht, wenn er selbst noch nie im Urlaub gestrandet ist? Und wie es sich anfühlt, ewig an der Security zu warten, obwohl das Boarding schon beginnt, das lässt sich ohne eigene Flugerfahrung auch nicht nachvollziehen.

3. Kreativität entsteht aus dem Spirit, den ein Unternehmen jeden Tag lebt. Wenn es ungewöhnliche Ideen zulässt und fördert, entsteht ein Nährboden für Fantasie und ein Blick für Möglichkeiten. Möglichkeiten, aus denen neue Wirklichkeiten entstehen. Denn täglich kommt es zu Situationen, die so noch nie da waren, für die es auch keine definierten Prozesse gibt und die gerade deshalb so viel Innovationspotenzial in sich tragen. Darum ist freier Zeitraum so wichtig. Dazu gleich mehr.

4. Mutig werden Mitarbeiter, wenn sie erleben, dass sie etwas zurückbekommen, wenn sie aus ihrer Komfortzone und ihren Routinen ausbrechen. Ansehen bei ihren Kunden und die Zuwendung ihrer Chefs. Natürlich braucht Mut eine gute Dosis Klugheit und Maß, sonst macht sich Tollkühnheit breit. Nicht alles, was mutig ist, ist auch sinnvoll und angemessen. Es braucht also einen inneren Kompass. Damit sind wir beim Thema Haltung. Haltung ist im Service die wichtigste Zutat überhaupt. Und schon sind wir bei der nächsten Frage: „Woher kommt Haltung?" Ich bin davon überzeugt, und auf dieser Grundlage beruht auch meine Arbeit in Unternehmen: Haltung ist das Ergebnis von kontinuierlicher Reflexion.

Reflexion ist das Geheimnis von Servicehaltung

Wenn Unternehmen ihre Mitarbeiter auf relevante Servicethemen und Kundensituationen mindestens einmal pro Woche sensibilisieren und schulen, passiert ein ganz wesentlicher Perspektivenwechsel: Weg vom ständigen Kreisen um die eigene Befindlichkeit, hin zu den Kundenbedürfnissen. Dies als Gewinn zu verstehen statt als Verlust, das ist die Herausforderung: „Wirklich reich im Leben werden wir nicht durch uns selbst, sondern nur durch andere", schreibt der Philosoph Wilhelm Schmid. Das gilt einmal mehr in unserer Selfie-Zeit. Wie schnell haben wir 100 Likes in Social Media vergessen, und wie lange erinnern wir uns an eine einzige, großherzige Geste im richtigen Leben? Ich sage: Hilfsbereitschaft ist wie eine Umarmung: sie macht immer zwei Menschen glücklich.

Um das zu verstehen, braucht es gemeinsame Reflexion. In der Praxis erlebe ich, dass eine konsequent angeleitete Reflexion in Verbindung mit Freude am Besserwerden die innere Einstellung tatsächlich verändert. Führungskräfte und Teams spannen einen neuen Horizont auf, einen helleren, weiteren. Erfahrungsgemäß ermutigt das alle, engagiert nach neuen Wegen zu suchen, um Kunden zu begeistern. Es lädt dazu ein, es sich zum persönlichen Anliegen zu machen, kluge Lösungen für Kunden zu suchen. Und es hilft, die richtige Tonlage und Intensität der Ansprache zu finden.

Beim Thema Tonlage und Ansprache sind Unternehmen in jüngster Zeit sehr viel mutiger geworden. Nicht nur die Deutsche Bahn begrüßt mittlerweile ausdrücklich regionale Dialekte und humorige Durchsagen. In einer Zeit, in der wir uns immer mehr an computergenerierte Servicestimmen und Chatbots gewöhnen, ist das der genau richtige Weg. Weil niemand eine so künstlich makellose Aussprache zustande bringt wie Alexa, Siri und Co., kann man auch gleich auf sympathische Einzigartigkeit setzen. Dazu kommt: Unvergessliche Menschmomente lassen sich nicht vorprogrammieren. Sie entstehen spontan in der Interaktion mit dem Kunden – wenn genug Freiraum da ist.

„Hilfsbereitschaft ist wie eine Umarmung: sie macht immer zwei Menschen glücklich."

„Es macht einen entscheidenden Unterschied für das Kaufverhalten jedes Kunden, ob er in der Interaktion in der entscheidenden Sekunde übersehen oder mit einem charmanten Menschmoment überrascht wird."

Freiraum für Menschmomente

Und damit verlassen wir für einen Moment die Ebene der persönlichen Begegnung und landen mitten in der Organisation. Freiraum entsteht durch intelligente Prozesse. Und diese zeichnen sich dadurch aus, dass sie zu Ende gedacht und getestet sind, dass sie unnötige Mehrfacharbeit tilgen, und dass sie gleichzeitig offen bleiben für kreative Lösungen. Denn Serviceprozesse sind immer Richtlinien für Mitarbeiter, aber nicht zwingend „Richtiglinien" für den Kunden. Deshalb ist es sinnvoll, Prozesse nicht nur als lineare Abläufe zu begreifen, sondern als Räume. Sagen wir: als Spielräume. In diesen Spielräumen braucht es Zeitkonzepte, Budgets und Leitplanken, die die Freiheit jedes einzelnen Mitarbeiters einerseits garantieren, andererseits auch beschränken, um alle auf Kurs zu halten. Stellen Sie sich das gerne vor wie eine mehrspurige Autobahn: Es darf durchaus unterschiedliche Fahrzeuge und Fahrstile geben, aber gefahren wird in eine Richtung. Platz für Falschfahrer gibt es nicht. So die Theorie. In der Praxis sind durchaus Falschfahrer anzutreffen – kürzlich hatte ich das zweifelhafte Vergnügen in einem Autohaus …

Servicekatastrophen sind oft Haltungskatastrophen
Vergangenen Sommer nahm ich mir ein wenig Zeit, ein neues Mobilitätskonzept für mich zu recherchieren. Ergebnis: Carsharing funktioniert für mich leider noch nicht. Ich brauche ein neues Auto, aber ein kompakteres als bisher. Ein besonderes Modell kommt mir in den Sinn: Ich bin mit einem kultigen Kleinwagen aufgewachsen, verbinde unzählige schöne Erinnerungen damit und habe eine große Affinität zur Marke.

Voller Vorfreude öffne ich die Markenseite im Netz, konfiguriere ein wunderschönes Modell und bekomme auch gleich eine Empfehlung, bei welchem Brandmanager ich bestellen kann. „Ich komme am Freitag von meinem Afrika-Urlaub nach Hause", schreibe ich ihm direkt. „Hätten Sie am Samstag zwischen 14 und 15 Uhr Zeit für die Bestellung? Bitte machen Sie mir ein Angebot. Herzliche Grüße." Kurz darauf die Antwort: „14 Uhr passt wunderbar! Ich bin da!" Das Angebot passt auch. Zu diesem Zeitpunkt ahne ich nicht, dass dieser Brandmanager unter „Ich bin da!" etwas vollkommen anderes versteht als ich.

Am Samstag jedenfalls betrete ich um Punkt 14 Uhr den Showroom. „Hallo Frau Hübner", ruft mir mein Ansprechpartner zu, „schauen Sie sich bitte ein wenig um, ich habe noch zwei Kunden da."

Ich schaue. Ich schaue Autos an. Ich schaue der Brandmanager-Performance zu. Nun ja: Er beherrscht seinen Job. Aber meine Rolle hat er offenbar nicht verstanden. Ich bin nicht gekommen, um ihn stundenlang zu bewundern, sondern um ganz schnell mein Auto zu bestellen, das ich mir – virtuell – bereits fertig konfiguriert hatte. Nach mehr als einer halben Stunde sinnlosen Wartens rausche ich absolut not amused aus dem Autohaus. Viel, viel später, ich bin längst Kilometer entfernt bei einem anderen Termin, ruft mich der Brandmanager an: „Hallo Frau Hübner! Ich bin jetzt fertig."

„Ich bin jetzt auch fertig. Mit Ihnen! Wir hatten einen Termin!"

Das war der Magic Moment, die Stimmung mit einem herzerfrischenden Mensch-moment noch einmal herumzureißen. Er verpasste ihn und machte die Situation sogar noch schlimmer: „Wie stellen Sie sich denn das vor? Wir sind ein Ladengeschäft!"

„Ich stelle es mir so vor, dass Sie, wenn Sie mit mir einen Termin vereinbaren, diesen Termin einhalten!"

Diesen Satz habe ich zuletzt zu einem Auszubildenden gesagt. Ich erspare Ihnen das weitere Gespräch und komme gleich zum Fazit: Potenzialqualität auf der Hersteller-Webseite: super. Digitale Prozessqualität: sehr gut. Potenzialqualität im Schauraum: alles richtig gemacht. Begegnungsqualität vor Ort: ein einziger Albtraum! Ausgelöst durch die unsägliche Servicehaltung eines einzelnen Brandmanagers.

Servicehaltung schafft Servicekultur

Es liegt auf der Hand: Wenn die Begegnungsqualität vor Ort nach einer exzellenten Prozess- und Potenzialqualität so miserabel ist, dann verzichtet jeder Kunde gerne darauf. Dann ist es ihm lieber, wenn es auf der Webseite einen Knopf gibt, auf den ich ganz einfach klicken und sagen kann: „Jetzt bestellen". Warum ich trotz dieses Albtraums meinen Wagen dort gekauft habe? Weil die junge Kollegin des Brandmanagers alles rausriss: Als sie mich am Montag beherzt anrief, war ich immer noch auf 180. Sie nannte die Situation elegant beim Namen und bot mir an, zu mir zu kommen. Sie gab dem Fehlverhalten ihres Kollegen ein freundliches Gesicht.

Das funktionierte, und das funktioniert nicht nur bei mir: Es macht einen entscheidenden Unterschied für das Kaufverhalten jedes Kunden, für seine Empfehlungen und für seine Loyalität, ob er in der Interaktion in der entscheidenden Sekunde übersehen oder mit einem charmanten Menschmoment überrascht wird.

„Hinter jeder einzigartigen Service-kultur stehen Prozesse, die so smart aufgesetzt sind, dass alles reibungslos funktioniert.
Und Mitarbeiter, die sich wirklich kümmern, weil ihre Kunden ihnen ein echtes Anliegen sind."

Und das zeigt: Hinter jeder einzigartigen Servicekultur stehen Prozesse, die so smart aufgesetzt sind, dass alles reibungslos funktioniert. UND Mitarbeiter, die sich wirklich kümmern, weil ihre Kunden ihnen ein echtes Anliegen sind. Weil sie Kundenliebe leben. „Das, was wir aus Liebe tun, tun wir immer im höchsten Maße freiwillig", schreibt Thomas von Aquin. Deshalb gehen die Professionals, die ihren Job lieben, den letzten Meter zum Kunden einfach so. Er oder sie ist ihnen mit seinen Bedürfnissen und Wünschen also auch dann noch ein Anliegen, wenn „der Chef nicht hinguckt". Genau hier hatte der Brandmanager versagt, genau hier zeigte seine Kollegin Fingerspitzen-gefühl und eben … Servicehaltung!

Professionalität und Liebe sind überhaupt kein Widerspruch. Im Gegenteil: Wenn ich an die Menschen in meinem Umfeld denke, die einen richtig guten Job machen, sind es gerade die, die ihren Job und ihre Kunden am meisten lieben.

Digitale Potenzialqualität mit persönlicher Begegnungsqualität verknüpfen
Das Wort „Liebe" klingt im Business-Kontext freilich immer ganz untechnisch, fast unpassend. Und doch brauchen Sie diese unbedingte Zugewandtheit zu Ihrem Kunden, und das vor allem, wenn ein Großteil Ihres Geschäfts über digitale Kanäle läuft. Sie stehen also vor einer doppelten Aufgabe:

Die digitalen Serviceprozesse müssen lückenlos funktionieren, rund um die Uhr. UND die Begegnungsqualität mit dem Servicetechniker an der Hotline oder mit der Mitarbeiterin am Point-of-Sale sollte im Idealfall dem Gesamterlebnis das Krönchen aufsetzen. Und in Serviceglück gipfeln. Es sind die Begegnungen mit echten Men-schen, die unser Leben lebenswert machen und die uns tief erfüllen. Geben wir also dem Wunder der Begegnung eine Chance. Feiern wir mit unseren Kunden Menschmo-mente, so oft es geht. Geben wir unseren Mitarbeitern Freiräume, damit sie Kunden-liebe leben können.

Wenn Sie Service konsequent, digital UND persönlich leben, erreichen Sie echte High Performance und einen unschlagbaren Wettbewerbsvorteil. Klingt sozialroman-tisch? Ist es aber nicht. Service ist ein Herzensthema mit knallharter Auswirkung. Die amerikanische Bürgerrechtlerin Maha Angelou sagte einmal: „Menschen vergessen, was du gesagt hast. Menschen vergessen, was du getan hast. Aber Menschen ver-gessen niemals, wie du sie hast fühlen lassen."

Genau das ist der Grund für die große Macht der kleinen Menschmomente.

MENSCHENVERSTEHERIN

Wissen zum Mitnehmen

1 Schauen Sie mit den Augen Ihrer Kunden auf Ihr Business. Wenn Sie loyale Kunden wollen, optimieren Sie Ihre Menschmomente – statt nur Ihre Marge.

2 Eine empathische Handlung entfaltet sich in vier Stufen: Konzentration, Wahrnehmung, Kreativität und Mut. Ich beachte mein Gegenüber, ich nehme seine Gefühle wahr, ich suche eine situativ herzerfrischende Menschmoment-Idee und nehme meinen Mut zusammen, um diese Idee in die Tat umzusetzen.

3 Eine konsequent angeleitete Reflexion in Verbindung mit Freude am Besserwerden verändert die innere Einstellung – und die Praxis: Nach und nach entwickeln Mitarbeitende ihr individuelles Geschick, in jeder Situation die richtige Tonlage und Intensität der Ansprache zu finden. So entsteht in einem gemeinsamen Prozess Servicehaltung.

4 Die Customer Journey läuft heute nahtlos zwischen digitalen und analogen Welten. Alle Komponenten müssen da sein, alle müssen stimmen: die digitale Prozessqualität, die Potenzialqualität im Schauraum und die Begegnungsqualität im Kundenkontakt.

5 Hinter jeder einzigartigen Servicekultur stehen smarte Prozesse. UND Mitarbeiter, denen ihre Kunden ein echtes Anliegen sind. Ich sage: Digital oder analog – warum ODER?!

6 Echte Begegnungen machen unser Leben lebenswert. Geben wir dem Wunder der Begegnung eine Chance. Feiern wir Menschmomente!

Service im Zuge der Digitalisierung

Neben Standards und Fingerspitzengefühl zugleich –
wer im Stellwerk eines Unternehmens arbeitet,
dessen Kundenzufriedenheit täglich vom Beitrag
seiner weltweit 340.000 Beschäftigten lebt, braucht
vor allem einen klaren Fahrplan. „Und muss den
Menschen in den Mittelpunkt stellen, gleichermaßen
in der Kundschaft wie in der Belegschaft", sagt
unser Gastautor, seit 2018 Vorstand Personal und
Recht der Deutschen Bahn.

Gastfreundlich, smart, modern und individuell – so möchte ich den Service für unsere Gäste an Bord und in unseren Lounges gerne haben. Und so muss er auch sein. Insbesondere persönlicher. Denn das kann bereits den Unterschied machen und dafür sorgen, dass ein Gast sich immer wieder für uns entscheidet. Ich selbst erlebe täglich, dass wir hier schon auf einem sehr guten Weg sind. Um diesen Weg fortzuführen, und das mal vorab, stellen wir in den kommenden zehn Jahren auf Rekordniveau neues Personal ein. Denn bei allen Investitionen in die Infrastruktur ist doch immer die Frage: Was kommt davon beim Menschen an. Es ist immer der Mensch, der aus Infrastruktur unsere Serviceleistungen ableitet. Der Mensch macht den Unterschied.

So freue ich mich, wenn ich in Hamburg mit einem Moin, Moin begrüßt und in München mit einem Servus verabschiedet werde. Unser Personal erfasst die Stimmung im Zug mit viel Fingerspitzengefühl und kann durch neue Freiheiten an Bord z. B. durch Ansagen aber auch individuelle Kommunikation mit den Gästen authentischer und nahbarer sein und zaubert so dem ein oder anderen Reisenden ein Lächeln ins Gesicht. Früher haben wir uns an „vorgestanzte" Texte gehalten – heute treten unsere Mitarbeitenden bei den Durchsagen als Individuen auf. Das ist ein Beispiel für Gestaltungsspielraum, der den Beschäftigten Spaß macht und von den Gästen sehr geschätzt wird.

Zugleich ist das ein nettes kleines Beispiel für die umfassende Transformation, in der wir uns als Deutsche Bahn befinden. Und um auf dieser Reise eines riesigen Unternehmens eine 340.000-köpfige Belegschaft überall auf der Welt abzuholen und zu erklären, wohin die Fahrt geht, haben wir unsere New-Work-Initiative „Menschen. Machen.Zukunft." aufgelegt. Wenn man so will, hat bereits die Reiseplanung an dem Punkt begonnen, dass es Menschen sind, die den Unterschied machen. Konkret setzt die Initiative bei der Personalbindung und Qualifikation an und stellt dabei die Frage: Wie sehen eigentlich unsere zukünftigen Arbeitsbedingungen aus?

Berufe im Update

Die Herausforderung dabei ist: Wir müssen die Brücken bauen zwischen den Alten und Jungen, zwischen den Analogen und Digitalen, den Traditionalisten und Progressiven, den Querdenkenden und Gleichmachenden – auch in der Belegschaft müssen wir buchstäblich die Brücke schlagen zwischen Tradition und Innovation. Schon, weil bei uns allein in Deutschland bis 2030 etwa 100.000 Männer wie Frauen aus Altersgründen ausscheiden und selbstverständlich von jungen, neuen Mitarbeitenden ersetzt werden. Da spielen Menschen eine elementare Rolle. Denn als Dienstleistungsunternehmen arbeiten wir als Menschen für Menschen.

ANDERSMACHER

Über den Ausgleich der Altersfluktuation hinaus haben wir 2019 etwa 8.000 zusätzliche Stellen geschaffen und besetzt. 2020 werden es wieder 5.000 sein. Denn einerseits fallen natürlich durch die Digitalisierung Arbeitsplätze bzw. Aufgaben weg oder verändern sich. Durchsagen auf den Bahnhöfen, die bislang von Menschen ins Mikrophon gesprochen wurden, werden heute digital aufgenommen und abgespielt. Für 600 davon Betroffene haben wir im Personalbereich frühzeitig alternative Betätigungsfelder generiert und sie entsprechend weitergebildet. Zugleich beschäftigt die DB Angestellte in 500 verschiedenen Berufen. So haben wir die Möglichkeit, Mitarbeitenden, deren bisherige Aufgabe zukünftig technologisch geleistet wird, einen Arbeitsplatzwechsel anzubieten, ohne dass sie uns verloren gehen. Zudem produziert Digitalisierung ständig neue Berufsbilder. Konkret bei uns E-Commerce-Kaufmann über Spezialisten für Container-Virtualisierung bis zu Data Engineers. Andere Berufe werden sich verändern. Wir sind dabei, die Berufsbilder gemeinsam mit den Sozialpartnern weiterzuentwickeln, denn die Transformation der Arbeitswelt in der Praxis wollen und können wir nur gemeinsam mit der Belegschaft, den Betriebsräten und Gewerkschaften machen. Das bedeutet aber: Niemand muss Angst vor der Digitalisierung haben! Ganz im Gegenteil.

Mitarbeitenden Perspektiven zeigen

In diesem Sinne gibt unsere Initiative „Menschen. Machen. Zukunft." Antwort auf die Fragen, die sich durch die Digitalisierung für unsere Arbeitsplätze ergeben: Sie fördert unser dafür nötiges übergreifendes konzernweites Verständnis und nimmt im Grunde ein Stück weit Zukunft vorweg. Wir tüfteln und forschen gemeinsam an der Arbeitswelt von morgen, beschäftigen uns mit neuen Wegen von Zusammenarbeit und Organisationsformen. Wir identifizieren künftige Berufsbilder und leiten entsprechende Anforderungsprofile und dafür nötige Kompetenzen ab. Denn uns ist bewusst: Um im gesellschaftlichen Wandel die notwendige Flexibilität und Innovationskraft an den Tag zu legen, müssen wir heute die Rollen und Arbeitsmodelle von morgen antizipieren, konzipieren und erproben.

Weichenstellung, die Menschen braucht

Doch auch hier gilt: Bei aller Technik, die jede unternehmerische Weichenstellung heute braucht: Unsere Stärke war schon immer und bleibt auch weiterhin der Mensch. Wir setzen auf neue Technologien. Big Data, Künstliche Intelligenz – aber basierend auf menschlichem, analogem Verständnis: Hand in Hand. In diesem Sinne hat unser Zukunftsbekenntnis drei Säulen: Sinn, Verantwortung, Gestaltung. Das ist das Navigationssystem für unseren Weg Richtung New Work.

Ambidextrie ist hier das richtige Stichwort, denn wir sind in genau dieser Situation: Wir müssen auf der einen Seite tagtäglich eine gute Qualität und Pünktlichkeit für unsere Kundinnen und Kunden abliefern, gleichzeitig aber auch die Weichen Richtung Zukunft stellen. Vor diesem Hintergrund wurde mit der „Starken Schiene" eine Strategie erarbeitet und sukzessive implementiert. Dort ist das Themenfeld „Arbeit der Zukunft" als eine der vier großen Säulen der Personalstrategie fest verankert. Unser Anspruch dabei ist, den Brückenschlag zu schaffen.

Maschinen als Mitarbeitende: KI-lleginnen

Nehmen wir nur als ein Beispiel heute unverzichtbarer Technologie Chatbots. Ganz sicher sind sie nicht allwissend und immer nur so gut, wie sie programmiert wurden. Bei komplexeren Fragen sind ihnen reale Menschen in der Beratung naturgemäß überlegen, weil sie auch Disziplinen wie Kulanz, Mitgefühl und Empathie beherrschen. Anders gesagt: Ein Chatbot wird nie das Eisenbahner-Gen haben. Aber in Sachen Kundenzufriedenheit haben Bots unbestreitbare Skills: Sie können immer sofort Antworten geben, sind 24/7 erreichbar, übernehmen tägliche Routinefragen. Und diese Fragen nehmen jeden Tag zu, an dem die Welt komplexer wird. Also jeden Tag. So geht es für uns heute nicht mehr darum, eine Fahrkarte von A nach B zu verkaufen, zumal wir ja längst komplette Reiseketten anbieten. Vom Fahrrad über den Bus, die Bahn hin zum Carsharing. Allein dadurch gibt es heute ganz andere Möglichkeiten, den Kunden von Ende zu Ende zu beraten. Auch über Chatbots. Sie verschaffen als ergänzendes Tool unseren Mitarbeitenden mehr Zeit für Wichtiges und sind nicht zuletzt auch Imagefaktor.

Ganz konkret nenne ich hier „Semmi", ein Auskunftssystem als digitaler Avatar, das wir gemeinsam mit dem Frankfurter Flughafen entwickelt haben. Dort heißt er „FRAnny" und ist – genau wie auf immer mehr unserer Bahnhöfe – in Gestalt kleiner Roboter als Sprachassistenten nicht nur eine exzellente Ergänzung unserer Kundenservices. Sie stehen auch für einen Durchbruch in der Mensch-Maschine-Interaktion. Ich bin davon überzeugt: Je mehr Künstliche Intelligenz in ihnen steckt, desto größer ist der Gewinn für Kundschaft und Belegschaft gleichermaßen. „Semmi" steht für sozio-empathische Mensch-Maschine-Interaktion. Und „sozio-empathisch" ist ein – zugegeben – sehr hoher Anspruch.

Natürlich war die Ausbildung nicht frei von Hindernissen. Aber wenn der Einsatz von Sprach- und Bilderkennung oder Machine-Learning-Technologie bei der Entwicklung neuer digitaler Services mal ins Stocken geriet, war das für uns nie ein Grund aufzugeben. So wird „Semmi" immer dazulernen, zunehmend mehr Wissen bündeln, mehrere Sprachen verstehen und sprechen sowie Fragen beantworten, die über die eigentliche Reise hinausgehen. Künstliche Intelligenz ist für mich der wahrscheinlich größte Hebel, den die DB je hatte, um Qualität, Kapazität und letztlich das Angebot der Bahn spürbar zu verbessern – primär im Service für unsere Gäste.

In den Arbeitsbereichen der klassischen Zugbegleitung jedoch, bei den Servicekräften in den Speisewägen oder den LokführerInnen, müssen meines Erachtens von Mitarbeitenden, auch im Sinne von „Menschen für Menschen" besondere Serviceleistungen erbracht werden. Überall da, wo unsere Teams mit Gästen zusammenkommen, beim Servicepunkt Bahnhof, der Sicherheit am Bahnhof, in der Hilfe beim Einstieg, bei Fragen nach Auskünften oder in der DB-Lounge sehe ich diese Aufgaben.

"Die Herausforderung ist: Wir müssen die Brücken bauen zwischen den Alten und Jungen, zwischen den Analogen und Digitalen, den Traditionalisten und Progressiven, den Querdenkern und Gleichmachern."

Faktor Zeit

Aber authentischer Service braucht Zeit und zwar soviel, wie es die Bedürfnisse unserer Reisenden erfordern. Für Dienstleistungsunternehmen ist das ein essenzieller Faktor, denn Mitarbeiterzeit ist begrenzt und kostet. Viele Fahrgäste + guter Service = viel Zeit von Mitarbeitenden. Die Rechnung stimmt. Doch nur weil die Zahl unserer Fahrgäste stetig steigt, aktuell sind es 260 Millionen jährlich, wird die Zeit der Mitarbeitenden nicht mehr. Über neue Beschäftigungsformen gilt es, Arbeitszeit individuell und passend zu gestalten. Und so Wege zu weisen, Zeit für die wichtigen Dinge effizient zu nutzen.

Mit diesem konkreten Punkt habe ich mich schon zu meiner Zeit bei der Telekom intensiv auseinandergesetzt. Im Ergebnis entstand daraus ein ganzes Buch*. Ein Kapitel über Service stellte ich damals unter die Zeile: „Glaubwürdigkeit gewinnt". Entscheidend ist eine plausible Story. Um tiefgreifende Veränderungen in der Zeitorganisation eines Unternehmens zu erreichen, muss für alle Beteiligten plausibel gemacht werden, warum ein Wandel unabdingbar ist. Fehlt eine einfach erzählbare Geschichte, wird die Umsetzung schwierig. Idealerweise ist das Projekt sowohl mit dem Verweis auf die Außenwelt der Organisation nachvollziehbar (so forderten Telekom-Kunden u. a. eine höhere Erreichbarkeit des Services abends und am Wochenende), als auch auf die Innenwelt (Mitarbeitende im Kundenservice haben eine höhere Arbeitszufriedenheit, wenn sie Kunden unmittelbar weiterhelfen können). Diese Story sollte immer von den wichtigsten Interessengruppen gleichlautend kommuniziert werden.

Aber wann ist Service glaubwürdig? Für mich kommt an dieser Stelle ein Dreiklang zum Tragen. Service muss Kunden, Mitarbeitenden und dem Unternehmen dienen. Im Fall des Telekom-Service: Mit einer höheren Erreichbarkeit extern und mehr Wahlfreiheit bei den Arbeitszeitmodellen intern leistet Service einen entscheidenden Beitrag zum Unternehmenserfolg. Denn jedes Plus an Mitarbeiterzufriedenheit schafft unmittelbar Effekte auf Service und Qualität und damit auf die Kundenzufriedenheit. Nur wenn alle drei Perspektiven erfüllt sind, wird etwas glaubwürdig umsetzbar sein. Anders gesagt: Glaubwürdigkeit gewinnt immer. In unsicheren, sich stetig ändernden Zeiten sogar noch mehr. Menschen und auch Service zeichnet es aus, wenn sie Glaubwürdigkeit und Ehrlichkeit ausstrahlen.

Deutsche Bahn „Credibility"

Wenn es eben nicht nur darum geht, glaubhaft zu erscheinen, sondern authentisch zu sein und letztlich das Stichwort „Gastgeber" mit Leben zu füllen, brauchen Servicekräfte Gestaltungsspielräume. Meine konkrete Erwartung an unsere Mitarbeitenden an Bord der Züge, in den DB Lounges, im Reisezentrum oder am Bahnhof ist es, Orientierung im System Bahn zu geben – über Zuständigkeiten hinweg. Sie sind das Gesicht der DB und erste Anlaufstelle für unsere Gäste. Sie lösen Probleme bei komplexen Anliegen, unterstützen bei der digitalen Befähigung unserer Gäste zum selbstbestimmten Reisen und tragen massiv zum bestmöglichen und persönlichen Reiseerlebnis bei.

Diese Glaubwürdigkeit – neudeutsch „Credibility" – orientiert sich, das ist meine Überzeugung, an der Frage, warum ich zu einem Arbeitgeber gehe und da bleibe. Macht das Sinn, was ich dort tue? – Kann ich da Verantwortung übernehmen und entscheiden? – Und kann ich gestalten und eigene Ideen einbringen? Diese Elemente Sinn, Verantwortung, Gestaltung sind zentral für die Motivation eines jeden von uns.

Dass wir alle drei Fragen als DB heute mit Ja beantworten, finden unsere Beschäftigten gut. Das Abstreifen eines Korsetts lässt die Nutzung von Gestaltungsräumen zu, etwa, wenn sie Möglichkeiten haben, Gästen entgegenzukommen und ihnen etwas Gutes zu tun. Das geht im Kleinen mit einfacher Kulanz los. Das ist eine Wirkzusammenhangskette: Zufriedenheit in der Belegschaft, weil deren Arbeit Spaß und Freude bereitet, stiftet Leidenschaft und Engagement und wirkt sich unmittelbar auf die Gäste aus. Diesen Zusammenhang zwischen mehr Spielraum und wachsender Kundenzufriedenheit können wir gerade im Fernverkehr auch messbar nachhalten.

„Es gibt eigentlich nur drei Gründe, warum ich zu einem Arbeitgeber gehe und bei ihm bleibe. Der erste ist: Macht das Sinn, was ich dort tue? Der zweite ist: Kann ich da Verantwortung übernehmen, darf ich etwas entscheiden? Und der dritte Punkt: Kann ich gestalten und eigene Ideen einbringen?"

Natürlich sind wir irgendwann am Punkt, wo wir eine einheitlich hohe Servicekultur im Unternehmen verankern und im Alltag auch zeigen wollen. Bei der Deutschen Bahn basiert diese auf sechs konkreten Werten: Optimismus, Fingerspitzengefühl, Miteinander, Professionalität, Eigeninitiative und Ausstrahlung. Situationsbezogen sind diese Werte heute in jedem Kundenkontakt individuell erlebbar.

Gänzlich ohne Leitplanken, Standards und Vorgaben, damit wir den Gästen ein einheitliches, konsistent spürbares Service- und Leistungsversprechen geben können, wäre das nicht möglich. Dazu werden unsere Mitarbeitenden optimal durch digitale Arbeitsmittel unterstützt, sodass z. B. die richtige Information zum richtigen Zeitpunkt für jeden verfügbar ist, und Anliegen der Gäste abschließend und zufriedenstellend gelöst werden.

„Als ‚Deutschlands größter Gastgeber‘, der an seinen Bahnhöfen täglich 40 Millionen Menschen begrüßt, ist Service für uns essenziell."

ANDERSMACHER

Personalvorstand Deutsche Bahn

Vielfalt zulassen

Insbesondere unsere aktuelle Diversity-Initiative „Einziganders." motiviert unsere Mitarbeitenden darin, noch stärker ihre unterschiedlichen Perspektiven, Werte und Kompetenzen einzubringen. Denn „Einziganders." steht für einzigartige Ideen und andere Perspektiven. Es umfasst die Vielfalt der Vielfalt. Was mich persönlich sehr gefreut hat, ist, dass „Einziganders." schon nach kurzer Zeit erfolgreich zeigt, wie vielfältig wir als Deutsche Bahn sind, warum wir uns für Vielfalt engagieren, wie wir sie leben und wo wir hinwollen. Dieses Verständnis von Vielfalt ist keineswegs nur Thema im Personalbereich, sondern als Querschnitt in allen Ressorts und der Konzernstrategie „Starke Schiene" fest verankert.

„Niemand gehört in Schubladen – außer Socken", oder „Verstell dich nicht. Außer du bist ein Bürostuhl" sind beispielhaft klare Statements, mit denen wir 2019 in einer „Woche der Diversity" jeden Tag einen anderen Aspekt von Vielfalt in den Fokus gerückt haben, von Inklusion über Integration bis zur Identifikation. Jeder Vorstand hat dabei die Verantwortung für eine Dimension von Vielfalt übernommen. Seitdem wir dieses Bekenntnis zu Vielfalt bis in die Führungsspitze stärker kommunizieren, machen sich unsere Mitarbeitenden die Werte der DB spürbar schneller zu eigen. So bringen wir Vielfalt durch ein klares Bekenntnis von Vorstand und Personal in den Konzern ein. Das ist wichtig mit Blick auf unser Ziel, der beste Gastgeber Deutschlands zu werden und mit einem persönlichen Serviceerlebnis zu begeistern.

Um diesem Anspruch gerecht zu werden, achten wir schon im Auswahl- bzw. Bewerbungsprozess auf eine passende innere Haltung, die mit unserem Service- und Gastgeberverständnis einhergeht. Aufbauend darauf festigen wir den Gastgeber- und Servicegedanken mit einer Vielzahl von Personalschulungen, Coachings und einer wertschätzenden Führung. Dabei setzen wir auf innovative Trainingsmethoden, die zu unserer dezentralen Unternehmensstruktur und den Berufen passen. Digitales Lernen und virtuelle Fortbildung sind uns dabei immer wichtiger. So nutzen wir beispielsweise VR-Brillen, um unsere Beschäftigten im Umgang mit neuen technischen Funktionen am Zug zu schulen. Jeder Einzelne wird mit einem Tablet ausgestattet, damit Schulungsmodule auch bequem unterwegs oder von zu Hause absolviert werden können. Wir machen unsere Belegschaft also nicht nur für den Dialog mit unseren Kunden fit für die digitale Welt. Ein Digitalpakt, den wir geschlossen haben, sieht u. a. vor, dass bei der DB jeder einen Anspruch auf Weiterbildung hat, wenn sein Job sich durch Digitalisierung verändert.

Service braucht Vorbilder

Der Servicegedanke wird aber nicht nur in den operativen Funktionen verankert, sondern über alle Bereiche und Führungsebenen hinweg. So tragen etwa unsere Führungskräfte des Fernverkehrs bei ihren Reisen immer ein Namensschild, sodass sie – für unsere Gäste und Teams an Bord leicht erkennbar – im Zug situativ unterstützen können. Damit nehmen die Führungskräfte ihre besondere Verantwortung für das beste Reiseerlebnis wahr. In ihrer Vorbildfunktion können sie aus ihren eigenen Erfahrungen heraus für die richtigen Rahmenbedingungen sowohl für Gäste als auch

Mitarbeitende sorgen. So wird für unsere Beschäftigten wertschätzende Führung erlebbar. Dafür haben wir eine neue Strategie entwickelt und das traditionelle Führungsleitbild abgelöst. Stattdessen gilt heute ein Kompass für alle mit Regeln wie „Klartext gewinnt" oder „Bahn frei für Neues". Und diese Regeln gelten wirklich für jeden – vom Azubi bis zum CEO.

Ein derartiges Erleben von Vorbildern spielt für unser Recruiting eine besondere Rolle. Denn es macht uns als Arbeitgeber reizvoller. Und diese Attraktivität ist unentbehrlich bei unserer aktuellen Herausforderung, das größte Ausbauprogramm der deutschen Bahngeschichte voranzutreiben. Durch eine Stärkung der Schiene wollen wir zu besserer Mobilität für die Menschen und zu einer nachhaltig wachsenden Wirtschaft beitragen. Dadurch leisten wir unseren unverzichtbaren Beitrag für die Verkehrs- und Klimawende. Aktuell liegt unser Altersdurchschnitt beim Personal bei 47 Jahren. Im Ergebnis wird bis 2030 etwa die Hälfte der Beschäftigten, und zwar ausgerechnet besonders geburtenstarke Jahrgänge, das Unternehmen aus Altersgründen verlassen. Und das bedeutet: Um auch zukünftig als „Deutschlands größter Gastgeber" 40 Millionen Menschen an unseren Bahnhöfen begrüßen zu können, werden wir 100.000 Stellen neu besetzen.

Das macht die Deutsche Bahn zu Deutschlands größtem Job- und Qualifizierungsmotor. Allein 2020 investieren wir eine halbe Milliarde Euro in die Weiterbildung unseres Personals. Service und Vorwärtsorientierung spielen da eine zentrale Rolle. In Zeiten konjunktureller Schwäche bauen andere Unternehmen ab, die Bahn stellt ein.

Die Rolle der Herzblut-Spender

Nun haben aber gerade die Frauen und Männer, die lange bei uns sind, immens viel Know-how und Herzblut. Diesen Erfahrungsschatz und diese Kultur zu transportieren, also auf nachfolgende Generationen zu übertragen, erfordert einen gezielten Wissenstransfer und ein Generationen-Management. Dafür stellen wir zum Beispiel allen Neueingestellten, in diesem Jahr sind das 20.000 Menschen, in den ersten sechs Monaten persönliche Paten zur Seite. Zu erleben, wieviel Spaß langjährige Beschäftigte daran haben, zu sehen, wie „Ich darf mein Wissen weitergeben" und „Etwas von mir bleibt hier" tagtäglich praktiziert wird, ist für mich persönlich eine große Freude. Klar ist: Eine solche Generationenaufgabe schaffen wir – als größtes Mobilitätsunternehmen Europas, mit mehr als 200.000 „Bahnern" allein in Deutschland, mitten im Transformationsprozess – nur als attraktiver Arbeitgeber.

400.000 Bewerbungen allein im vergangenen Jahr zeigen: Die Deutsche Bahn ist u. a. für ihre mehr als 50 klassischen Ausbildungsberufe am Arbeitsmarkt gefragt. Mit anderen Worten: Wir erreichen unsere Recruiting-Ziele, obwohl wir unsere Messlatten, wo immer es sinnvoll erscheint und den Reisenden zum Beispiel im Service nutzt, immer noch ein wenig höherlegen. Das macht uns zufrieden und stolz. Nur ausruhen auf diesem Erfolg werden wir sicher nicht. Unsere Gäste erwarten eine glaubwürdige Begleitung und Unterstützung durch empatische Menschen, aber auch stetig neue Innovationen. Dementsprechend sehen wir auch zukünftig unsere Rolle gerade im direkten Kundenkontakt. Mit Vielfalt wertschätzend, souverän und selbstbewusst. In diesem Sinne: Die Bahn steht niemals still.

ANDERSMACHER

1 Um die Flexibilität und Innovationskraft aufzubringen, die der ständige Wandel gesellschaftlicher Ansprüche an Service erfordert, müssen Rollen und Arbeitsmodelle von morgen heute schon konzipiert werden.

2 Wenn Sorge um den Arbeitsplatz und Angst vor der Digitalisierung Hand in Hand gehen, führen sie Mitarbeitende schnell aufs falsche Gleis. Die Botschaft aus der Praxis (der Deutschen Bahn zum Beispiel) ist aber: Digitalisierung produziert permanent neue Berufsbilder.

3 Beim Abschied von einem lange gelebten, aber tradierten Serviceverständnis – anders gesagt: der Neupositionierung eines Dienstleistungsunternehmens gerade mit Mitteln der Digitalisierung – gilt es, sämtliche Mitarbeitende auf die Reise mitzunehmen. Das Ticket, das sie gerne lösen werden, heißt Qualifikation.

4 Die erfolgskritische und insoweit strategische Akzeptanz jeder neuen Servicekultur braucht aber auch – nicht nur in weltweit operierenden Unternehmen – eine glaubwürdige, einfach zu erzählende Geschichte. Ansonsten gilt leider auch weltweit: „Culture eats strategy for breakfast".

5 Glaubwürdig und authentisch wird Service quasi automatisch, wenn er Kunden, Mitarbeitenden und dem Unternehmen gleichermaßen dient.

6 Erfolgreicher Service basiert auf einer Wirkzusammenhangskette: Mitarbeiterzufriedenheit → Spaß an der Arbeit → Motivation → Engagement „vor Kunde".

7 Damit Servicemitarbeitenden ernsthaft abgenommen wird, dass ihnen die Zufriedenheit ihrer Kunden am Herzen liegt, brauchen sie Gestaltungsspielräume.

8 So namentlich unbekannt oder auch anonym Servicekräfte für Kunden auch immer bleiben mögen – diese Mitarbeiter prägen das Gesicht des Unternehmens.

Wissen zum Mitnehmen

WEGBEREITERIN

Für Spielereien haben wir keine Zeit

Elke Anderl, Bereichsleiterin Service-entwicklung und Innovation im Telekom Service, spricht mit uns im Interview über den Mehrwert digitaler Technologien, die Bedeutung von Kundenfeedback und die unersetzliche Rolle des Menschen.

Frau Anderl, in Ihrem Team geht's um Serviceentwicklung und Innovationen. Was verstehen Sie darunter?

In der Serviceentwicklung denken wir in die Zukunft, um frühzeitig die Weichen richtig zu stellen: Wie kann der Service der Zukunft aussehen? Wie sehen unsere Kontaktkanäle perspektivisch aus? Was sind die künftigen Bedürfnisse unserer Kunden? Von welchen Wünschen ahnen die Kunden heute noch gar nicht, dass sie die übermorgen haben werden? Und im Bereich Innovationen schauen wir, welche technischen Neuerungen uns bei der digitalen Transformation des Service helfen und wo wir innovative Technologien für ein begeisterndes Kundenerlebnis einsetzen können. Etwa indem wir unseren Kollegen – von der Hotline über den Außendienst bis zum Management – mittels Analytics und KI dazu befähigen, faktenbasierte Entscheidungen zu treffen. Das alles entwickeln wir in engem Schulterschluss mit unseren Kunden. Unsere Vision ist es, Kundenversteher und Glaskugelleser zu sein.

Wenn Sie von Innovationen sprechen, meinen Sie dann immer digitale Technologien oder auch analoge Neuerungen?

Ich meine tatsächlich alle Verbesserungen im Service für den Kunden – unmittelbar oder mittelbar über die Kollegen im Innen- und Außendienst. Wir schauen uns natürlich die großen Trends an, um diese greifbar zu machen, für den Service zu „übersetzen" und wenn sinnvoll, in Piloten auszuprobieren. Unser Aufgabengebiet reicht also von der kundenfreundlichen Anpassung unserer Anschreiben und Rechnungen bis hin zu Verbesserungen im direkten Kundenkontakt. Und hier spielt Technologie eine wichtige Rolle, aber nie zum Selbstzweck, sondern um für Mitarbeiter oder Kunden ein besseres Erlebnis zu schaffen. Dazu gehört zum Beispiel, den Kundenberater mit Hilfe von Robotic Desktop Automation, kurz RDA, zu unterstützen oder manuelle Tätigkeiten und Prozesse durch Robotic Process Automation, also RPA, zu ersetzen.

Sie sprechen von RPA und RDA. Wo genau liegt der Unterschied?

Der wesentliche Unterschied ist der jeweilige Fokus: Während RPA sich auf die selbstständige Abarbeitung mit wenig menschlichem Eingreifen konzentriert, ist die Idee hinter RDA eine sinnvolle Zusammenarbeit mit dem Mitarbeiter, sprich Bot-Mensch-Interaktion. Der RDA-Roboter übernimmt dabei die Rolle eines interaktiven Assistenten, der unsere Kollegen möglichst in Echtzeit mittels Handlungsempfehlungen oder Informationen aus diversen Datenbanken unterstützt. Wenn es etwa einen neuen Tarif gibt, schlägt der Bot automatisch vor, welcher Router kompatibel ist oder welches Zusatzangebot sinnvoll für den Kunden sein könnte.

Wie wichtig sind solche Technologien für Ihr Ziel, Kunden tadellosen Service zu bieten?

Das Thema „Digitalisierung" ist – neben unseren Mitarbeitern und Prozessen – ein zentraler Baustein unserer Serviceformel, und die wiederum ist fundamental für eine erfolgreiche Transformation und tadellosen Service für unsere Kunden. Entscheidend ist, immer alle drei Facetten zu betrachten, weil sie sich gegenseitig bedingen: Wie transformieren wir erstens unsere Servicekultur hin zu mehr Unternehmertum, größeren Freiheitsgraden, mehr Kundenfokus? Wie können wir zweitens diesen Wandel durch eine strukturelle, organisatorische Transformation unterstützen? Wie schaffen wir mehr Kundennähe? Zum Beispiel durch Regiocenter. Und drittens spielt die Unterstützung durch digitale Technologien eine wichtige Rolle. Denn die Kunden- und Mitarbeiterbedürfnisse verändern sich, wir alle werden digitaler. Wir haben es heute mit einer „Generation Z" und einer „Generation Alpha" zu tun, die sind „24/7 on", für die ist chatten ganz normal – auch mit einem Bot –, die nutzen gern WhatsApp und andere soziale Kanäle. Wir haben aber auch Kunden jeder Altersklasse, die nach wie vor den persönlichen Kontakt schätzen, die sagen, ich möchte lieber anrufen und die Empathie eines Menschen spüren.

Wie verbessern denn digitale Technologien ganz konkret das Kundenerlebnis?

Nehmen wir folgendes Beispiel: Angenommen jemand heiratet und möchte seinen Nachnamen ändern. Bisher hat er oder sie dafür unsere Hotline angerufen und uns die entsprechenden Dokumente nachträglich geschickt. Heute gibt es eine simple und komfortable Lösung für unsere Kunden: Der Anrufer erhält per SMS einen Link, kann seine Heiratsurkunde fotografieren und einsenden. So können unsere Agenten dieses Anliegen gleich im ersten Kontakt lösen. Und das ist in dreierlei Hinsicht toll: für den Kunden, weil seine Anfrage auf Anhieb gelöst ist, für den Mitarbeiter, weil er ein Erfolgserlebnis hat, sofort helfen konnte, und für uns als Unternehmen, weil wir effizient gearbeitet haben und keine weiteren Schritte unternehmen müssen.

Welche digitalen Kanäle oder Tools werden von Ihren Kunden besonders gern genutzt?

Unser Chatbot FragMagenta wird sehr gut angenommen! Das ist ein KI-basierter dialogischer Chatbot, der unseren Kunden zu jeder Tages- und Nachtzeit Antworten auf häufig gestellte Fragen liefert. Und sollte dies einmal nicht gelingen, stellen wir einen smarten Übergang zu einem unserer Kundenberater sicher. Der bekommt dann die Informationen, die der Kunde bereits mit dem Bot ausgetauscht hat, direkt mitgeliefert. FragMagenta findet man auf unserer Website und in der MeinMagenta-App. Aktuell sind wir bei zwei Millionen Business-Dialogen jährlich, also echten Anfragen. Viele Kunden möchten nur einmal ausprobieren, wie so ein Chatbot funktioniert. Die fragen: „Hallo, wie heißt du?" oder „Sprichst du Englisch?". Das zählen wir nicht mit. Unser Bot hat auch eine sehr gute Lösungsquote und in der Kundenzufriedenheit liegt er bei 4,3 von 5 Sternen. 2019 wurde FragMagenta als bester digitaler Assistent der Telko-Branche ausgezeichnet.

Aber der Bot kann nur bei Standardfragen weiterhelfen, oder?

Nicht nur! FragMagenta beherrscht aktuell mehr als 550 Anliegen. Damit deckt er nahezu alle Servicethemen ab. Und wir sind gerade dabei, ihn auch auf Produktanfragen zu trainieren. Selbst bei Störungen können die Kunden FragMagenta kontaktieren.

WEGBEREITERIN

„Indem wir alle diese Informationen bündeln, schaffen wir für unsere Mitarbeiter das beste Beratungsfundament. Sie erkennen sofort den individuellen Bedarf, die persönliche Befindlichkeit des Kunden und können gezielt darauf eingehen – von Mensch zu Mensch."

Durch die Abfrage der Festnetznummer kann er direkt prüfen, ob der Anschluss von einer regionalen Störung betroffen ist. Der Kunde erhält sofort Feedback und die Info, dass bereits an einer Lösung gearbeitet wird. Zudem bietet unser Chatbot an, eine SMS aufs Handy zu schicken, sobald die Störung behoben ist. Das begeistert unsere Kunden! So können sie sicher sein, dass sich jemand um ihr Anliegen kümmert und sie proaktiv über den Status informiert werden. Hier leistet FragMagenta unschätzbar wertvolle Dienste.

Gibt es weitere Tools, die von Ihren Kunden gut angenommen werden?

Ja, da gibt es noch unsere großartige Anwendung MeinTelekomTechniker. Wenn der Kunde einen Termin mit unserem Außendienst vereinbart hat, kann er darüber genau sehen, wann dieser kommt. Sollte einmal etwas dazwischenkommen, kann der Kunde den Termin selbst verschieben. So bietet MeinTelekomTechniker große Transparenz und zusätzlichen Komfort. Die Nutzungsrate liegt bei rund 60 Prozent. Insofern wird dieses Angebot unglaublich gut angenommen und trägt entscheidend zur Kundenzufriedenheit bei.

Was ist mit der SprachID, die Sie zur IFA 2018 eingeführt haben?

Auch da sind wir gut unterwegs! Wir hatten damals etliche Kunden, die sagten: „Meine Kundennummer kann ich mir nicht merken, das ist echt schwierig." Also haben wir mit der SprachID eine Stimm-Authentifizierung geschaffen, die sogar TÜV-zertifiziert ist. Der Kunde hinterlegt einmal seinen Stimmabdruck und wird dann bei Anruf automatisch durch seine Stimme authentifiziert. Kundennummer und Passwort braucht er dafür nicht mehr. Eine knappe Million Kunden haben sich schon registriert, weil diese Lösung einfach, komfortabel und sicher ist. Und wir arbeiten an weiteren Verbesserungen: Demnächst soll der Kunde seine Stimme nicht mehr aktiv hinterlegen müssen. Wenn er mit unserer Hotline telefoniert hat, kann er – wenn er will – diese Stimm-Aufzeichnung direkt für seine SprachID nutzen.

Das sind tolle Tools für Ihre Kunden. An welchen Innovationen arbeiten Sie für Ihre Mitarbeiter, um das Kundenerlebnis weiter zu verbessern?

Das Wichtigste für unsere Mitarbeiter ist, alle Informationen zum Kunden, zu dessen Kontakthistorie und seinen Anliegen auf einen Blick zu sehen. Das ist unsere 360-Grad-

Sicht MagentaView. Unsere Kunden wollen ihr Anliegen nicht jedes Mal aufs Neue erläutern müssen. Sie erwarten zu Recht, dass wir ihre offenen Anliegen kennen, egal, wo sie bei uns aufschlagen. Das ist jedoch komplexer als es klingt. Wir haben 60 Millionen Mobilfunk-, Festnetz-, Internet- und TV-Kunden, unzählige Produkte und Tarife, gemanagt in einer Vielzahl von Tools und Systemen. Das alles nahtlos miteinander zu verknüpfen, ist nicht trivial. Aber wir haben bald die erste Version von MagentaView und werden diese gemeinsam mit der IT und unseren Kundenberatern selbst schrittweise ausbauen. Egal, ob es um verschiedene Produkte, Verträge, Tarife oder auch Störungen geht – indem wir alle Informationen bündeln, schaffen wir für unsere Mitarbeiter das beste Beratungsfundament. Sie erkennen – auch mit Unterstützung von Analytics und KI – sofort den individuellen Bedarf, die Befindlichkeit des Kunden und können gezielt darauf eingehen – von Mensch zu Mensch.

Wo könnte die Entwicklung an dieser Stelle noch hingehen?

Wir wollen noch eine KI-unterstützte Suche für unsere Mitarbeiter integrieren, eine semantische Suche wie bei Google. Dann wird unser Content- und Informationsmanagement-System WINS sehr smart nach den gewünschten Informationen durchsucht. Das macht die Kundenberatung für unsere Agenten nochmal einfacher. In einem weiteren Schritt könnte das alles sogar per Stimmerfassung funktionieren: Das intelligente System erkennt anhand des Kundendialogs, dass es um den neuesten Mobilfunktarif geht und spielt dem Berater die benötigten Infos direkt auf den Bildschirm.

Jetzt kann vielleicht trotzdem nicht jeder Kundenberater alle Themen direkt selbst lösen. Was tun Sie technisch, um auch die Zusammenarbeit untereinander zu verbessern?

Wir schaffen Regiocenter, in denen wir verschiedene Kompetenzen räumlich zusammenbringen und von dort die Kunden einer bestimmten Region betreuen. Wo das räumlich nicht ohne Weiteres funktioniert, arbeiten wir an virtueller Zusammenarbeit. Zum Beispiel mittels neuer Collaboration-Tools für virtuelle Meetings, Workshops und Coachings. Hier testen wir gerade einiges aus: Über animierte Avatare etwa könnten mir beispielsweise Kollegen Feedback geben. In der realen Kaffeeküche kommt der Kollege aus dem Homeoffice via Telepräsenz-Roboter hinzu. Und neue Videochat-Apps vermitteln das Gefühl, dass der Kollege virtuell neben mir sitzt und mich bei einem Kundenanliegen unterstützt.

Das klingt spannend! Wie beziehen Sie Ihre Kunden bei diesen Ideen und Innovationen mit ein?

Hier spielt unsere Ideenschmiede eine große Rolle. Sie hat inzwischen über 10.000 registrierte Nutzer. Ich sage explizit Nutzer statt Kunden, weil wir alle Menschen einladen, mit uns den Service von morgen zu gestalten. Ein Großteil der Teilnehmer sind aber tatsächlich Kunden, die uns Impulse geben und mit denen wir neue Ideen

WEGBEREITERIN

verproben. Das tun wir über Online-Umfragen, virtuelle Meetings und digitale Meinungsbildung. Aber auch analog über unsere Werkstätten. Das sind physische Workshops, bei denen wir mit den Teilnehmern gemeinsam neue Ideen diskutieren und erarbeiten – oft mit einem „Design-Thinking-Ansatz" bis hin zum ersten Prototyp.

Und was ist mit dem „alltäglichen" Kundenfeedback?

Auch das nutzen wir intensiv. Wir sammeln unter anderem Kundenfeedback aus unserer Kontaktbefragung – rund 3,5 Millionen Rückmeldungen im Jahr. Da fragen wir nach einem Kundenkontakt per SMS oder E-Mail, wie zufrieden der Kunde mit uns war. Neben einer Sterne-Bewertung gibt es auch ein Freitextfeld für individuelles Feedback. Und dieser Kunden-O-Ton ist sehr wertvoll für uns, manchmal sogar heilsam. Aber wir nutzen hier auch Analytics, um diese Masse an Feedback schnell analysieren und den Handlungsbedarf daraus ableiten zu können. Neben der Textanalyse betreiben wir auch Sprachanalyse. Dazu werten wir – nach Zustimmung des Kunden – die aufgezeichneten Telefonate aus und erkennen so sehr gut und vor allem schnell Kontaktgründe, Auffälligkeiten und neu aufkommende Themen.

Was tun Sie, um Kunden und Mitarbeiter für neue Technologien zu begeistern?

Für die Kunden müssen wir die Anwendung von Tools und Services möglichst einfach und bequem machen, sonst werden sie nicht genutzt. Und wir unterstützen auch immer kommunikativ, etwa durch Erklärvideos, die unter anderem von unseren Mitarbeitern gemacht werden. Das heißt, wir versuchen unsere Kunden mitzunehmen und ihnen den Mehrwert deutlich zu machen. Das gilt genauso für unsere Mitarbeiter. Wir haben schon früh angefangen, unsere Innovationen zusammen mit den Kollegen im Innen- und Außendienst zu entwickeln. Außerdem betreiben wir ein strukturiertes Innovations-Funnel-Management. Da gehen mitunter ganz wilde Ideen ein. Die bewerten wir dann gemeinsam: Welche Trends wollen wir weiterverfolgen? Wo macht eine Pilotierung Sinn? Was ist wirklich relevant und skalierbar ? Wir setzen nur Dinge um, die einen unmittelbaren oder eben mittelbaren Mehrwert fürs Kundenerlebnis versprechen. Für Spielereien haben wir keine Zeit! Wir möchten uns nicht verzetteln, sonst verlieren wir an Fokus und Geschwindigkeit. Und es macht den Kollegen nicht nur Spaß, diese Innovationsthemen mitzugestalten, es stärkt auch ihre Identifikation mit diesen Lösungen. Damit tun wir zugleich etwas fürs „Job Enrichment", weil die Themen Maschine Learning, Künstliche Intelligenz und der Umgang mit Bots immer wichtiger werden. Unsere Mitarbeiter können sich so fachlich weiterentwickeln.

Eine letzte Frage: Wie sieht für Sie das idealtypische Zusammenspiel von Mensch und Maschine im Service aus?

Der Mensch steht im Mittelpunkt, die Technologie unterstützend beiseite. Das Kümmern und die Empathie, die Leidenschaft für unsere Kunden und für das beste Serviceerlebnis, das alles kann ein Bot nicht ersetzen. Darum müssen wir eine gute Balance zwischen digitaler Technologie und menschlichem Einsatz finden. Darin sehe ich große Chancen!

Nehmen Sie's bloß ~~nicht~~ persönlich

Für den Kölner Wirtschaftspsychologen Dr. Claus Dethloff ist Service zuallererst ein Führungsthema, die Serviceabteilung quasi der Seismograf zum Kunden und allem, was ihn bewegt. Dabei ist der Schlüssel zu Erfolgserlebnissen auf beiden Seiten eine Frage des persönlichen Miteinanders.

Herr Dethloff, bleibt das persönliche Miteinander trotz Digitalisierung ein zentraler Erfolgsfaktor im Kundenservice?

Nicht trotz, sondern gerade wegen der Digitalisierung bleibt persönlicher Kundenkontakt der Schlüssel zu erfolgreichem Service. Letztendlich ist unser ganzes geschäftliches Miteinander immer eine Frage persönlicher Interaktion, also zweiseitig und auch nonverbal. In diesem Sinne hat Digitalisierung nicht nur Implikationen, sondern auch Explikationen. Gestik, Mimik und Sprache sind darüber hinaus ganz elementar für das eigene Denken. Die zunehmende Digitalisierung unseres alltäglichen Lebens führt schnell zu Wahrnehmungs- und Sprachbarrieren. Wir nehmen oftmals verkürzt wahr, denken in Stichworten oder Abkürzungen und versäumen, unsere Wünsche oder Bedürfnisse in ganzen Sätzen oder in Prosa zu formulieren. Das birgt das Risiko, dass man als Sender unvollständige Botschaften platziert, die vom Empfänger nicht verstanden werden. Hinzu kommt: Jede Alterskohorte hat ihr eigenes Wording. Wenn dies nicht in den jeweiligen Wortschatz übersetzt wird, entstehen erst Missverständnisse und im zweiten Schritt gegebenenfalls sogar Frustration und Misstrauen. Sprache nutzt auch immer mehr Untertöne, die ohne nonverbale Kommunikation falsch ankommen. Jugendliche wählen zum Beispiel den Wortlaut glasklarer Beschimpfungen, meinen aber genau diese Worte in Wahrheit höchst anerkennend. So etwas kann eine Maschine niemals differenzieren. Diese Art Wahrheitsfindung kann kein Roboter leisten. Da stößt Künstliche Intelligenz an ihre Grenzen.

Wie können Menschen diesen Vorteil im Sinne des Kunden am besten umsetzen?

Im Service reden wir ja über Mensch-Mensch- oder Mensch-Maschine-Kontakte. Nun haben wir nicht das quantitative Wissen, das KI im Sinne einer kristallinen Intelligenz aufbauen kann. Wir verfügen allerdings stärker im Sinne der fluiden Intelligenz über die Qualität des Wissens, wir haben die Möglichkeit, zu verstehen und sind (noch) schneller im Lernen. Nicht von Fachwissen, Vokabeln oder Zahlen, sondern in der Fähigkeit, die emotionale und auch kognitive Perspektive zu wechseln. Und für eine Beratung ist ganz entscheidend, in der Lage zu sein, sich in eine andere Person hineinzuversetzen. Das sehe ich in Zukunft zwar als immer größere Herausforderung. Denn den Gefühlszustand und die Sprache des einzelnen Kunden möglichst schnell zu verstehen und dann für einen Moment seine Brille aufzusetzen, ist für jeden Servicemitarbeiter schon innerhalb seiner eigenen Peergroup schwierig. Und es wird umso schwieriger, je weiter die Generation des einen von der des anderen Gesprächspartners abweicht. Doch dieses Pfund zu bewahren, ist eine große Chance und ein enormer Vorteil.

Was bedeutet das konkret?

Service ist beispielsweise zielführender und erfolgsversprechender, wenn altersgerechte Beratungs- und Betreuungssysteme geschaffen werden. Deshalb werden zum Beispiel in Banken Azubis für das Neukundengeschäft mit jungen Leuten eingesetzt. Einfach weil Kommunikation innerhalb einer Peergroup freier von Missverständnissen funktioniert als generationenübergreifend. Die Annahme, dass man einen Fachberater auch in weichen Faktoren so ausbilden kann, dass er in der Lage ist, sich auf Kunden jeglicher Couleur und jeden Alters einzulassen und sie zu verstehen, ist fast utopisch. Und der große Vorteil von Unternehmen, die über Unmengen von Kundendaten verfügen, ist ja, dass sie diese Daten einsetzen können, um solche Gesprächsrahmenbedingungen in dem Moment, wo sie erkennbar werden, zu steuern – hin zu einem Mitarbeiter, der die gleiche Sprache spricht. Die Technik dafür ist da.

Lässt sich der Wert „sozialer Bezugsgruppen" weiter ausschöpfen, wenn die Steuerung von Anrufen regionale Aspekte aufnimmt – weil auch Dialekte, Idiome etc. vertrauensbildend wirken können?

Nähe schafft Vertrauen. Nicht nur räumlich gemeint, sondern auch psychisch im Sinne eines Wir-Gefühls. Veränderung um uns herum oder gar mit Auswirkung auf uns selbst wirkt zunächst immer bedrohlich, da benötigen wir soziale Unterstützung, um nicht gänzlich reaktant zu werden. Eine Art Zusammengehörigkeitsgefühl, und sei es lediglich auf vertrauter Sprachebene, lässt den Rahmen positiv gestalten. Ich kann mich erinnern, dass der Autoglas-Reparateur Carglass seine Radiowerbung in über 80 Dialekte, teils Soziolekte, ausstrahlen ließ, das kam an, auch wenn oftmals darüber geschmunzelt wird. Oder gerade weil, denn Spaß lockert auch auf und schafft Vertrauen, in Anlehnung an Seumes' Volkslied also: wo man lachet, lass dich ruhig nieder.

Noch einmal zurück zur „Wahrheitsfindung", von der Sie sprachen – dabei geht es im Kern um Stimmungen, Launen, Befindlichkeiten derjenigen am anderen Ende der Leitung, korrekt?

Ja, und das kann eine Maschine nicht. Auf die Eingangsfrage, wie es einem geht, antworten doch über 90 von 100 schnell und lapidar mit einem „gut". Bei Floskeln ist kaum Platz für ehrliche Auskunft, das begreift aber ein Roboter nicht, der trifft laut Verrechnungsmodus auf über 90 zufriedene Kunden. Doch wird bei einem Mensch-Mensch-Kontakt zuweilen auch nicht tiefgreifender differenziert, selbst von Angesicht zu Angesicht nicht. Manche Unternehmen arbeiten in der Beratung mit sogenannten Persona-Konzepten, sodass Wünsche und Bedürfnisse statistisch und typologisch aufbereitet bereits vorliegen, bevor der unbekannte Interessent mit einem chattet oder zu einem kommt, bis hin zu einfachen Handlungsanweisungen: Da kommt die ältere Dame, da mache ich am Bildschirm einmal gleich das Schriftbild größer. Sie reflektieren aber in dem Moment nicht, dass auch Wünsche und Bedürfnisse stimmungsabhängig sind, und dieselbe Person sich an einem Montagmorgen vielleicht gutgelaunt und wenig bedürftig beraten lässt, an einem Freitagnachmittag hingegen schlechtgelaunt und stark bedürftig. Die Laune beeinflusst darüber hinaus auch das Denken: Aufnahmefähigkeit, Verarbeitungskapazität und Entscheidungsfreude. In einem negativen Frame sind wir beispielsweise entscheidungs- und risikofreudiger. Etwas sarkastisch formuliert: Sie verkaufen teure Ware bei Sterbenden leichter.

Werden die Ansprüche an zwischenmenschliche Kommunikation in der Kundenberatung und -betreuung höher, weil sie komplizierter wird?

Sie wird weniger unbefangen, weniger konkret. Und das auf zwei Ebenen: Zunächst auf einer formalen, das ist die unzureichende Definition und Explikation von Begriffen. Nehmen wir das Beispiel „Service", mittlerweile ein Umbrella-Term, der kaum mehr zu differenzieren und in sämtlichen seiner Facetten zu formulieren ist. Die zweite Ebene ist inhaltlicher Natur: Als Verbraucher, Konsument oder Kunde hatten wir vor 40 Jahren vielleicht ein, zwei Optionen, beim Fernsehen, beim Reisen, beim Telefonieren oder sonst wo. Da sind wir handlungsorientiert eher gescheitert an fehlenden Optionen. Heute haben wir zig Optionen, da scheitern wir an ihrer Vielfalt. Zwar wäre das Wissen darüber sofort verfügbar, aber die Verarbeitungskapazität bei uns Menschen ist natürlich begrenzt. Wir sind schlichtweg überfordert und blieben lageorientiert, wenn wir nicht aus sozialem oder gesellschaftlichem Druck heraus zum Handeln genötigt würden. Im Ergebnis treffe ich als Kunde meine Entscheidungen dann nur noch mit Halbwissen.

Dr. Claus Dethloff

„Service soll und muss Spaß machen, Freude stiften und ein Miteinander schaffen. Ich habe Unternehmen gesehen, die sagen: Ich möchte zu allererst, dass meine Mitarbeiter an allem, was sie tun, Spaß haben."

Geschäftsführer ServiceValue

Das heißt, ich entscheide gewissermaßen intuitiv?

Richtig, denn trotz der Basis Halbwissen möchte ich als Kunde und als Mensch immer, zumindest intuitiv, fühlen, es war eine für mich richtige Wahl. Und um glauben zu können, es war eine hinreichend gute, sichere Entscheidung, brauche ich eine gewisse Kompensationsleistung. Und der wichtigste Faktor dabei ist Vertrauen. Deshalb bleibt der Mensch-Mensch-Kontakt wichtig. Ein Unternehmen benötigt also für den Kundenkontakt zusätzlich vertrauensbildende Maßnahmen, die kann es allerdings auf zwei Ebenen schaffen: einer Metaebene, indem es seinen eigenen Markenkern ausbaut, also die Anmutung des Unternehmens nach außen erhöht, dazu bedarf es im Übrigen nicht nur Aussagen darüber, wofür das Unternehmen seinen Zielgruppen gegenüber steht, sondern auch im Sinne einer Explikation, wofür es eben nicht steht. Dies erfolgt zunächst über eine einseitige Kommunikation, ohne Interaktion mit dem Kunden. Wahrnehmungspsychologisch ist eine starke Marke mächtig, sie schafft Vertrauen an sich, und das ist ein Pfund im Marketing.

Und die zweite Ebene?

Die zweite Ebene ist die konkrete Interaktion mit dem Kunden. Doch die Servicemitarbeiter sollten dem Markenauftritt anschließend in der persönlichen Kommunikation auch gerecht werden. Denn mit dem Vertrauensvorschuss steigen zugleich die Ansprüche des Kunden. Und dieses Anspruchsniveau spielt für die Erfolgsaussichten des Gesprächs eine große Rolle. Doch nicht nur kognitiv, auch bezüglich der Sympathiepunkte. Man könnte sagen: Wenn ein Servicemitarbeiter eine starke Marke repräsentiert, hat er seinen Startblock eigentlich 20 Meter weiter hinten als der Mitarbeiter einer schwächeren Marke, von der ich als Kunde ohnehin weniger erwarte. Das ist dann im moment of truth das Handicap großer Brands wie beispielsweise Allianz, Deutsche Bank, Telekom oder auch amazon. Sie profitieren zwar von der Ausstrahlungskraft ihrer Marke und erzielen entsprechend gute Gesamtzufriedenheitswerte, doch in der anlassbezogenen Beratung oder im konkreten Service kommen sie dann in der Kundenzufriedenheitsmessung, als Abgleich zwischen Erfahrung und Erwartung, oftmals schlechter weg als objektiv gleichgute Leistungen eines Marktbegleiters. Doch stärkeres und nachhaltigeres Gewicht für das Gesprächs- oder Serviceerlebnis beim Kunden haben in der Regel die involvierten Mitarbeiter, und zwar jeder einzeln, für sich. Vertrauen, welches auf Erfahrung beruht, kann und wird nur dort entstehen, wo interaktiv, zweiseitig kommuniziert wird, verbal oder nonverbal. Klappt das, kaschiert oder verzeiht der Wohlfühlfaktor sogar Unzulänglichkeiten auf beiden Seiten.

An welcher Stelle kann ein Gespräch mit dem Kunden womöglich aus dem Ruder laufen?

Wenn ein Gespräch nicht erfolgreich war, liegt es zumeist nicht an der fehlenden Fachkompetenz des Mitarbeiters, sondern eher an der zu starken fachlichen Orientierung. Im Übrigen fachsimpeln auch nur die wenigsten vorab informierten und aufgeklärten Kunden, ein Smart-Shopper braucht kein Gespräch und wenn, dann meist nur zur Bestätigung, dass er clever entscheiden kann. Störend aus dem Ruder laufend ist die Überfrachtung des Kunden mit Informationen, einhergehend mit einem zu hohen Redeanteil des Beraters bzw. Servicemitarbeiters. Zu viele fachliche Inputs können den Kunden schnell frustrieren, und kommt er nicht zu Wort, wird er auch kaum für sich als Kunde Wertschätzung erfahren. Nicht selten ist dann auch der Servicemitarbeiter mangels für ihn adäquater Reaktion irritiert und demotiviert. Die Wurzel allen Übels ist oft, dass die Unternehmen selbst ihre Mitarbeiter nicht befähigen, die in der Begegnung mit dem Kunden nötige Performance zu zeigen. Dazu gehört auch die Einsicht im Unternehmen, dass nicht nur so manche ausführende Kraft, sondern auch Vorgesetzte falsch positioniert sind.

Das Gespräch zwischen zwei Menschen in gewisser Weise „aus dem Bauch heraus" seinen Lauf nehmen zu lassen, um das Ziel zu erreichen – wann ist das im Kundenkontakt verloren gegangen?

Wir unterscheiden und formulieren überspitzt: In der Industrie ist der Kunde König, im Handel Partner, in der Dienstleistung Bittsteller. Dienstleister haben vielfach gar nicht den Kunden aus den Augen verloren, sondern ihn erst gar nicht fokussiert. Erst die Liberalisierung der Märkte und ein gewisser Wettbewerbsdruck haben verstehen lassen: Es ist kein geschriebenes Gesetz, dass ein Kunde auf ewig Kunde bleibt – egal, wie mit ihm umgegangen wird. Heute müssen alle Unternehmen um jeden Kunden kämpfen. Vor der Finanzkrise hatten Service- und Kundenorientierung auf den Fahnen der Dienstleister schon einmal Konjunktur. Doch, von den nackten Zahlen eingeholt, verstummten dann die Lippenbekenntnisse und von den Sprechblasen blieb vorübergehend nicht viel übrig. Das geht heute nicht mehr, wechselwillige und -fähige Kunden sind keine Minorität mehr.

Und wie haben sich die Unternehmen darauf eingestellt?

Heute sind viele Unternehmen in diesem Thema authentischer, haben Lernprozesse hinter sich und bemühen sich glaubwürdig. Vor jedem Change-Prozess steht dennoch die Einsicht. Und wenn sie kommuniziert wird, wird sie einem auch abgenommen. Das heißt aber auch Worten Taten folgen lassen und umgekehrt: Wenn das Management noch nie in einem Callcenter gesessen und einem Agenten zugehört hat, wird es nach wie vor zu irrationalen Hypothesen neigen, die sich nie bewahrheiten werden. Anders gesagt: Es bedarf dieser Erfahrungen, um den Perspektivwechsel zum Servicemitarbeiter und zum Kunden hin vornehmen zu können. Das Management kann nicht glaubhaft an der Serviceschraube drehen, wenn es nie eine Leistungsprozesskette von Service- und Kundenorientierung selbst erlebt hat. Und vielleicht wichtiger

„Wir unterscheiden und formulieren überspitzt: In der Industrie ist der Kunde König, im Handel Partner, in der Dienstleistung Bittsteller. Dienstleister haben vielfach gar nicht den Kunden aus den Augen verloren, sondern ihn erst gar nicht fokussiert."

als alles andere ist: Wenn dieser Prozess angegangen wird und sich ein Unternehmen als serviceorientiert nach innen und nach außen erklären will, müssen im ersten Schritt diejenigen, die das strategisch verantworten, die dafür nötige reflexive Denkweise selbst mitbringen.

Welches Gefühl muss ich denn dem Kunden vermitteln? Wie leiste ich die beste Begleitung in einem Kundengespräch?

Der Anlass der Kontaktaufnahme sollte im Gespräch natürlich nicht verloren gehen. Möchte der Kunde eine Leistung bestellen, wünscht er zusätzliche Informationen oder will er sich beschweren? Nicht nur im Fall eines Beschwerdeführers werden Emotionen angetroffen. Bis ein normales Maß an Höflichkeit und die Einhaltung von vernünftigen Umgangsregeln erreicht werden, kann es aber zuweilen etwas dauern, insbesondere bei einer Beschwerde. Doch wenn dies gelungen ist, gestaltet sich das Gespräch effizienter und lösungsorientierter. Ist zum Beispiel ein Beschwerdeführer abgekühlt, wird er selbst auch den Eindruck gewinnen, dass der Anlass seines Anrufs vermutlich viel nichtiger war, als die Emphase, mit der er ihn vorgetragen hat. Wenn

<u>BARE MÜNZE:</u>

Serviceeffekt auf individuelles Einkaufsvolumen (Beispiel Baumarkt):

485 €

224 €

170 €

1 Mit Service (begeistert)
2 Mit Service (zufrieden)
3 ohne Service (zufrieden)

3x

<u>VOM SERVICEERLEBNIS BEGEISTERTE
KUNDEN GEBEN BEIM NACHFOLGENDEN
KAUF DREIMAL MEHR GELD AUS ALS
KUNDEN, DIE OHNE SERVICEERLEBNIS
ZUFRIEDEN WAREN</u>

MENSCHENVERSTEHER

70%

<u>DER KUNDEN MIT SERVICEERLEBNIS TÄTIGEN ANSCHLUSSKÄUFE,
OHNE SERVICEERLEBNIS TÄTIGEN 46 % DER KUNDEN ANSCHLUSSKÄUFE.</u>

<u>TOP 3 TRIGGER:</u>

37%

Preise

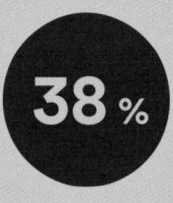

38%

Produkte

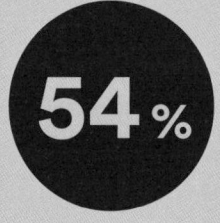

54%

Mitarbeiterkontakt

Impulse für gute Service- erlebnisse

BRANCHENÜBERGREIFEND PRÄGT
SERVICE ZEHN PROZENT VOM IMAGE
EINES UNTERNEHMENS

„Stammkunden entwickeln schnell eine Anspruchsspirale.
Deren Begeisterung beim erneuten Kontakt zu übertreffen,
ist mit Service am ehesten möglich."

IMAGEFAKTOR SERVICE
NACH BRANCHEN:

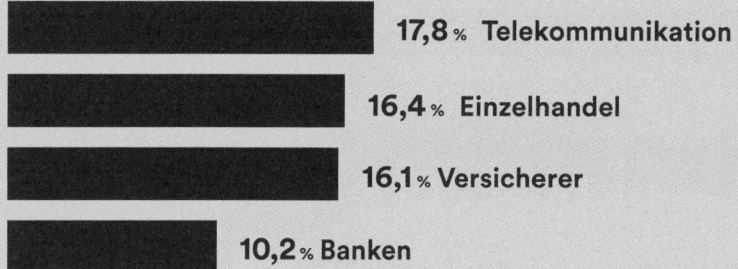

17,8 % Telekommunikation

16,4 % Einzelhandel

16,1 % Versicherer

10,2 % Banken

WIE SEHR STEHEN DIE FOLGENDEN FAKTOREN MIT
DER KUNDENBEGEISTERUNG IM ZUSAMMENHANG?

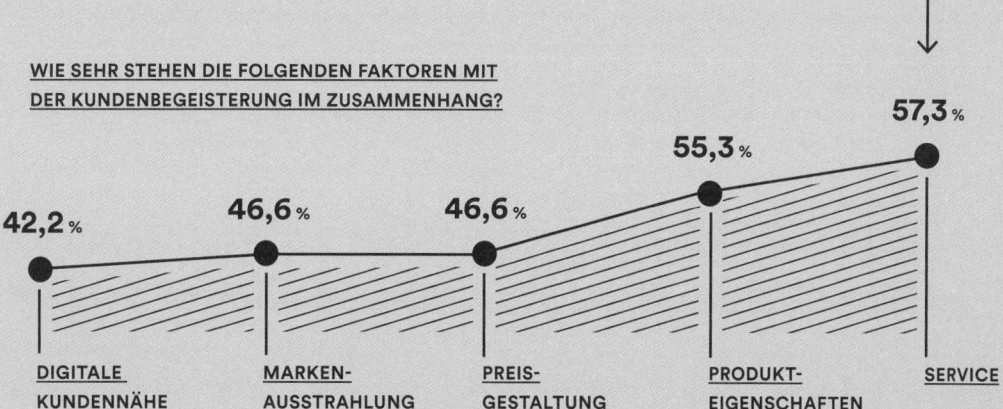

42,2 %	46,6 %	46,6 %	55,3 %	57,3 %
DIGITALE KUNDENNÄHE	MARKEN-AUSSTRAHLUNG	PREIS-GESTALTUNG	PRODUKT-EIGENSCHAFTEN	SERVICE

sie die Gesprächsbeziehung auf eine harmonische, glaubwürdige, verlässliche Ebene führen, werden zudem auch Fehler leichter verziehen, sofern man sie nicht schon dreimal gemacht hat. Und geben sie dem Kunden Raum, sich einmal – wie auch immer – darzustellen. Damit er sich wahrgenommen, wertgeschätzt und in der Befindlichkeit abgeholt fühlt, in der er sie kontaktiert hat. Als Servicemitarbeiter recht haben zu wollen, ist keine gute Idee. Auf Abwehr zu schalten, ebenfalls nicht. Zuhören können und Verständnis zeigen, das ist der richtige Ansatz. Und gegebenenfalls auch trotz eines möglichen Loyalitätskonflikts die Position des Kunden einnehmen. Deshalb bedarf es gewisser Freiheitsgrade, die das Unternehmen seinen ausführenden Kräften zugestehen sollte. Das Fachliche ist nicht das Entscheidende. Denn selbst – quasi in der Hinterhand – die Lösung schon zu kennen, trifft ja nicht das Problem. Im Grunde geht es darum, dass der Kunde sich abgeholt und sich somit in seiner Rolle selbstsicher fühlt. Das kann zuweilen schon in einen therapeutischen Auftrag übergehen.

Sie sagten vorhin, Unternehmen sollten ihre Mitarbeiter befähigen, im Gespräch mit dem Kunden gut zu performen. Was meinen Sie damit?

Unsere Untersuchungen zeigen: Die Entscheidungsfreude eines Kunden, ob es um eine Problemlösung, einen Kauf oder eine Serviceinanspruchnahme geht, steht im engen Zusammenhang mit seinem Redeanteil. Dem gegenüber steht aber oftmals ein mit Fachwissen aufgeladener Mitarbeiter, der sich nicht am Ende eines Gesprächs vorwerfen lassen will: Jetzt hast du ihm das nicht erzählt und das nicht und das fehlte auch noch. Das aber ist für die Wahrnehmung des Kunden völlig belanglos, denn der weiß ja nur, was erzählt wurde und nicht, was nicht erzählt wurde. Die Information, dass im Grunde Vertrauen sich schneller herausbildet, wenn der Kunde die Chance hat, sich mitzuteilen, ist wichtig. Das heißt, der erste Ansatz ist, die eigenen Mitarbeiter zu befähigen, zuzuhören und den eigenen Redeanteil zu reduzieren.

Aber wie befähigt man die Mitarbeiter dazu?

Sie müssen lernen, dass Überreden allenfalls ein schneller, aber eben kein guter Erfolg ist. Die Kundenbeziehung ist umso nachhaltiger, wenn der Kunde aus freien Stücken sich bindet. Das wichtigste ist, sogenannte Attributionsfehler zu beseitigen. Wir alle neigen dazu, Erfolge uns selbst zuzuschreiben und Misserfolge external zu attribuieren. Habe ich eine Prüfung geschafft, dann, weil ich kompetent bin, habe ich sie verhauen, dann war der Prüfer inkompetent oder die Aufgaben dreist. Der Berater und vor allem der Verkäufer wollen natürlich Erfolge auf sich verbuchen. Das können

MENSCHENVERSTEHER

sie auch, doch der Erfolg in diesem Fall führt über den zufriedenen Kunden, und der wiederum will sich das selbst zuschreiben lassen. Das Umdenken besteht also darin, dass die Servicekraft es zulassen und aushalten kann, dass in diesem Fall ihr Erfolg zunächst external attribuiert werden muss. Die Selbstbefriedigung erfolgt quasi erst im zweiten Schritt. Das hat auch etwas mit moralischer Entwicklung zu tun. Nehme ich den einen Keks heute oder warte ich drei Tage, um fünf Kekse zu erhalten. Kinder nehmen den einen Keks sofort.

Da kommen wir zur Ressource Zeit.

Richtig, doch noch wichtiger ist die Geduld. Vertrauen baut sich in zwei Sätzen nicht auf. Eine vertrauensbildende Maßnahme in der zweiseitigen Kommunikation braucht ein Zeitinvestment. Der Kunde ist ja bereit, die gleiche Zeit zu opfern. Ihm geht es nicht um eine schnelle Reaktion. Dafür nutzt er andere Kommunikationskanäle. Im persönlichen Kontakt erwarte ich, dass man sich Zeit nimmt. Kein Kunde guckt im Gespräch über ein ihm wichtiges Anliegen auf die Uhr und sagt: Ich habe nur noch zehn Minuten Zeit. Ein Berater hingegen macht das sehr wohl.

Unterstellt, ich habe solche Fehler schon einmal ausgeschlossen – wie motiviert man die eigenen Mitarbeiter im Service? Und ist es ein deutsches Problem, dass dieses „pleasure to serve", wie man es in angelsächsischen Ländern findet, uns Deutschen eher unzugänglich erscheint?

Zunächst einmal ist Service vor allem eine Haltung, eine Einstellung, ein Lebensgefühl. Und der „Pleasure" steht für Spaß und Freude am Kontakt mit Menschen. Die Motivationsforschung sagt in dem Kontext: Wir werden immer ein Verhalten aufrecht erhalten, wenn es belohnt wird. Wer sich als Servicekraft bewirbt oder bereits im Job ist, wird in der Regel auch privat so viele positive Verstärker erfahren haben, dass er einen Sinn für sich darin erkannt hat, anderen Menschen beizustehen, sie zu unterstützen oder schlichtweg einen höflichen Umgang zu wahren. Die Umsetzung dieser Einstellung in eine Dienstleistungsmentalität, hilfreich und gut gegenüber Kunden zu sein, bedarf bei uns weniger einer zusätzlichen Motivation als vielmehr der Frage: Wie verhindere ich eine Demotivation?

Wie meinen Sie das?

Nehmen wir das Beispiel der USA. Dort haben die Kundenberater etwa mit Blick auf die Frage, was sie fallabschließend selbstständig entscheiden dürfen, viel mehr Freiheitsgrade. An dem Punkt kann man als Arbeitgeber gar nicht großzügig genug sein. Im Management sollte doch das Anliegen, dass die Falldauer nicht zu viel Zeit in Anspruch nimmt, Priorität haben. Denn wird der Fall nicht abgeschlossen, kostet er dem einen Mitarbeiter und dann meist auch anderen anschließend noch einmal – und in der Summe viel mehr – Zeit. Das Management muss in der Lage sein, abzugeben und Mitarbeitern so viel Vertrauen entgegenzubringen, dass sie ihren Spielraum und ihre Entscheidungsfreiheit sogar einfordern und vergrößern wollen. Das ist in Deutschland schon historisch gesehen nie der Fall gewesen. Ganz im Gegenteil halten wir die Leine immer ganz kurz – in Gesprächsleitfäden zum Beispiel. Wenn ich jede Verhaltensoption in ein Handbuch presse, fehlt am Ende die spielerische Komponente. Noch einmal: Service soll und muss aber Spaß machen, Freude stiften und ein Miteinander schaffen. Ich habe Unternehmen gesehen, die sagen: Ich möchte zu allererst, dass meine Mitarbeiter an allem, was sie tun, Spaß haben. Dann ist der Unternehmenserfolg fast schon Nebensache. Aber er kommt. Weil immer alles, was mit Freude verbunden ist, Interesse schafft und Leistung entwickelt und zu Effizienz führt.

Freude am Kundenkontakt – was ist ihr größter Widersacher?

Wenn man nicht selbstbestimmend als Servicemitarbeiter unterwegs ist. Wenn die Angst mitschwingt oder der Druck ständiger Begleiter ist. Wenn meine intrinsische Motivation korrumpiert wird. Und im Konkreten, weil die Abstrahierungsfähigkeit des Mitarbeiters auch nicht überstrapaziert werden sollte, wenn der finale Akt der Kundenzufriedenheit nicht erlebt oder miterlebt wird. Zum Beispiel weil man den Fall nicht abschließen konnte, sondern sagen musste: „Da muss ich Sie weiterleiten", „Dafür bin ich nicht mehr zuständig". Warum? Weil erst der nächste Mitarbeiter mehr Kompetenzen, Berechtigungen oder Freiheitsgrade hat? Dann machen sie es parallel, nicht seriell, schaffen sie Teams, Tandemlösungen. Sonst wird der richtige Gedanke des One-Face-to-the-Customer konterkariert.

Es gibt aber auch Mitarbeiter, die mit der großen Freiheit gar nichts anfangen können, die das auch teilweise gar nicht wollen.

Das stimmt, doch ist das eher eine Folge und keine Ursache. Freiheitsgrade benötigen einen bestimmten Charakter, der damit auch umgehen kann. Insofern hat die selbst erfahrene Kreativität bei der Entwicklung von Lösungen viel damit zu tun, ob mir Freiräume gefallen. Doch finde ich Freiheitsgrade bedrohlich, dann nicht, weil ich sie grundsätzlich nicht mag, ich mag sie halt nur in bestimmten Kontexten nicht, zum Beispiel auf der Arbeit, eben aus schlechten Erfahrungen heraus. Und da sind wir wieder bei Demotivation und Motivation und dem Scheitern an fehlenden Optionen. Wenn ich Mitarbeitern keine Handlungsoptionen gebe, vergebe ich mir die Chance, ihre Kreativität auszuschöpfen, mit der ein Problem gelöst werden könnte. Darum sollte ich diejenigen, die Spaß an kreativer Lösungsgestaltung haben, nicht auch noch in ein Korsett zwängen, sondern vielmehr im Sinne des Modelllernens als Vorbilder nutzen, um andere zu ermutigen und nach vorne zu bringen.

MENSCHENVERSTEHER

„Wenn ich Mitarbeitern keine Handlungsoptionen gebe, vergebe ich mir die Chance, ihre Kreativität auszuschöpfen, mit der ein Problem gelöst werden könnte."

Den Spaß an solchen kreativen Lösungen empfinden dennoch nicht alle Mitarbeiter ...

Ja, die Grenzen des Machbaren und bei allzu großen Widerständen auch die des Therapeutischen sind natürlich da. Dann geht es um die Frage des Matchings, wie ich welche Jobs besetze. Und das führt uns zu einer weiteren Erkenntnis: Vielfach haben Unternehmen Mitarbeiter einfach fehlplatziert. Das ist in großen Konzernen teilweise auch historisch bedingt, wenn in der Vergangenheit ganze Sachabteilungen in den Service überführt wurden. Denn nur durch eine Ansage des Managements wird das Eignungsprofil und die Lernfähigkeit von Mitarbeitern für bestimmte Aufgaben nicht besser. Meist auch dann nicht, wenn ich sage: Ich habe jetzt Mitarbeiter X auf der Position Y mit dem Anforderungsprofil Z, und die Passgenauigkeit verbessere ich, indem ich den Mitarbeiter fortbilde. Vielfach wird dann nur auf Halde produziert, ohne Transfer auf den eigentlichen Job.

Was empfehlen Sie?

Viel aussichtsreicher ist die – allerdings ungleich größere – Herausforderung einer passgenauen Personalsteuerung. Ich muss in die Beantwortung der Frage investieren, ob ein Mitarbeiter an dieser Stelle richtig positioniert ist. Wenn zwei Puzzleteile nicht zueinanderpassen, können sie noch so lange drücken und drehen – das wird einfach nix. Und dieses „passt nicht" zu tolerieren, bedeutet, dass sie ihre PS, die irgendwo anders im Konzern sicher schlummern, nicht auf die Straße bringen. Denn gerade große Unternehmen mit zigtausenden von Mitarbeitern können immer davon ausgehen, dass sie irgendwo in den eigenen Reihen jemanden haben, der das nötige Rüstzeug mitbringt. Dann müssen sie es nur noch schaffen, es dorthin zu bringen, wo es zum Beispiel im Moment eines Kundenkontakts gebraucht wird. Das würde gleich zwei Menschen auf einen Schlag glücklich bzw. zufrieden machen: Den Kunden und den Mitarbeiter.

Ist es das, was Service und die Infrastruktur dahinter im Kern leisten müssen?

Service ist natürlich kein Selbstzweck und soll auch nicht nur dem Kunden zugutekommen. Darum ist es ratsam, gleichzeitig immer nach den betriebswirtschaftlichen Effekten von Service zu suchen. Beispiel Flughafen: Ich suche die Umsatztreiber im Gastro- und Shoppingbereich. Anhand der Prozesskette eines Flughafenbesuchs kann ich identifizieren, wo Servicekontakte, Serviceerlebnisse möglich sind. Und am Ende des Tages erkenne ich, dass Verfügbarkeit sowie Hygiene und Sauberkeit der sanitären Anlagen einen großen Umsatztreiber für den Shop- und Gastro-Bereich darstellen. Die meisten Manager werden reflexhaft sagen: „Das ist Quatsch, beim Toilettenbesuch des Kunden verdiene ich doch kein Geld." Und tatsächlich ist es schwierig für klassische Manager, diesen Effekt zu durchschauen. Die Psychologie dahinter ist: Ich sollte nicht nur den offensichtlichen Zusammenhang suchen, sondern den indirekten, mittelbaren ebenfalls aufspüren. Was bedeutet das in unserem Beispiel? Wer die Toiletten im Shop- und Gastro-Bereich eines Flughafens nicht findet oder gar meidet, weil er die Erfahrung gemacht hat, dass er sich dort aus Gründen offenkundiger Defizite unwohl fühlt, wird – im Zweifel, wenn er buchstäblich muss – gleich durchgehen bis zum Gate. Und somit die Angebote der Shops und Lokale ignorieren. Ähnlich auf Messen oder in Freizeitparks, wo dann meist die Verhältnismäßigkeit auch nicht stimmt, also gleich viele Sanitäranlagen für Mann und Frau, zum offensichtlichen Nachteil der Frauen. Die Bleibedauer auf der Anlage korreliert eben negativ mit der Warteschlange am Klo.

Spielt guter Service eigentlich auch eine gesellschaftliche Rolle?

Sogar eine sehr große! Schon weil gute wie schlechte Serviceerlebnisse, auf beiden Seiten, einwirken auf das allgemeine Miteinander in der Gesellschaft. Wir leben in einem Dienstleistungsland, die Freizeitindustrie nimmt Überhand und hat somit zunehmend Modellcharakter. Eben auf beiden Seiten der Medaille, Nachfrager und Anbieter. Das Erleben, wie ich als Kunde behandelt werde, beeinflusst auch privat mein Auskommen und Umgang mit anderen. Und selbstverständlich wirkt eine Arbeitsunzufriedenheit enorm auf das allgemeine Lebensgefühl. In diesem Sinne liefern Service- und Dienstleistungsunternehmen einen enormen gesellschaftlichen Input und tragen eine noch vielfach unterschätzte Verantwortung.

MENSCHENVERSTEHER

Wissen zum Mitnehmen

1 Das Serviceerlebnis Kundenzufriedenheit ist in altersgerechten Beratungssystemen schneller zu erreichen. Innerhalb derselben Peergroup funktioniert Kommunikation freier von Missverständnissen und es fällt leichter, den Blickwinkel des jeweils anderen einzunehmen.

2 Starke Marken sind „Pfund" und Handicap zugleich. Sie genießen zwar einen signifikanten Vertrauensvorschuss, doch damit ist auch die Erwartungshaltung von Servicekunden an starke Brands ungleich höher als an schwache.

3 Servicechampion wird nur, wer „Servicedenken" auch auf strategisch verantwortlicher Ebene verankert.

4 In wohltuend erlebten Beratungsgesprächen verknüpfen Kunden ihr Gegenüber mit Ehrlichkeit, Aufmerksamkeit und glaubhaftem Interesse.

5 „Pleasure to serve" steht für Spaß und Freude am Kontakt mit Menschen. In diesem Sinne sind Haltung, Einstellung, Lebensgefühl und Motivation entscheidende Indikatoren für die passgenaue Personalsteuerung. Welche Jobs ein Unternehmen mit welchen Mitarbeitern besetzt, ist eine Frage des Matchings.

6 Freiheitsgrade sind Glücksbringer – auf beiden Seiten. Bei der Frage „Was dürfen Servicemitarbeiter in Kundengesprächen fallabschließend selbstständig entscheiden?" können Arbeitgeber nicht großzügig genug sein.

7 Gute wie schlechte Serviceerlebnisse haben unmittelbare Effekte auf unser allgemeines Miteinander. Insofern tragen Servicedienstleister eine vielfach unterschätzte gesellschaftliche Verantwortung.

CEO DFKI

Menschliche Interaktion wird im Service immer eine bedeutende Rolle spielen

Prof. Dr. Antonio Krüger ist CEO des Deutschen Forschungszentrums für Künstliche Intelligenz (DFKI) und Direktor des Forschungsbereichs „Kognitive Assistenzsysteme". Der Saarländer ist international anerkannter Experte für Mensch-Maschine-Interaktion und Künstliche Intelligenz (KI). Wir haben mit ihm über KI im Kundenservice, Bots und begeisternde Serviceerlebnisse gesprochen.

Herr Professor Krüger, alle reden über Künstliche Intelligenz, aber jeder versteht etwas anderes darunter. Wie definieren Sie KI?

Für mich sind das künstliche Systeme, die mit Methoden der Informatik und Diszi-plinen wie der kognitiven Psychologie oder Bionik gebaut werden, und die in bestimmten Umgebungen zielgerichtet agieren können. KI-Systeme sind in Umge-bungen erforderlich, die nicht vollständig kontrollierbar sind oder über die wir noch nicht viel wissen. Das können der Mars sein, Unterwasserwelten, aber auch der Ser-vicepoint. Auch hier weiß ich nicht immer, was mich im nächsten Moment erwartet. Ich muss mich auf neue Situationen einstellen. Und das passt sehr gut zum adaptiven Ansatz, der ein Markenzeichen von KI-Systemen ist: Sie sind in der Lage, selbststän-dig zu lernen und sich anzupassen.

Was können solche Assistenzsysteme im Kundenservice leisten?

Es gibt KI-Lösungen, die eine Dienstleistung für den Kunden erbringen, andere funk-tionieren wie ein Werkzeug. Das KI-System allein kann Kunden vielleicht nicht die nötige Empathie entgegenbringen, der Mitarbeiter allein hat vielleicht nicht die kog-nitiven Fähigkeiten, um jede Frage zu beantworten. Aber wenn man es geschickt anstellt, können Mensch und Maschine im Verbund dem Kunden erstklassigen Service bieten. Es gibt bereits KI-Systeme, die ein Zugewinn sind, z. B. Empfehlungssysteme. Die KI lernt, welche Kundentypen es gibt und empfiehlt Dinge, die ähnlich gelagerte Kunden auch interessant fanden, sich angeschaut oder gekauft haben. Anfangs weiß das System nicht genau, was mich interessiert, mit der Zeit macht es mir aber immer bessere Vorschläge. Und eine solche KI-gestützte Produkt- oder Tarifempfehlung ist eine typische Serviceleistung.

Neben diesen Empfehlungssystemen im Internet trifft man auch im stationären Einzelhandel immer häufiger auf „intelligente Helfer" ...

Das stimmt, aber der Roboter „Pepper" etwa ist in meinen Augen kein typisches KI-System. Seine Robotik-Komponenten, dass er herumfahren und Menschen erken-nen kann, basieren zwar auf KI, aber seine Kundenberatung ähnelt mehr einem Info-kiosk – weniger einer adaptiven, auf den Kunden zugehenden KI. Man könnte solche Systeme aber kombinieren: Pepper könnte im Dialog mit dem Kunden mehr über dessen Vorlieben erfahren und das integrierte Empfehlungssystem macht ihm dann zielgenaue Angebote.

Das heißt, das Potenzial für solche Robotik-Anwendungen im Service ist da, aber die Entwicklung steckt noch in den Kinderschuhen?

So kann man das sagen. In Baumärkten gibt es Roboter, die Kunden helfen, Artikel zu finden, indem sie sie zum richtigen Regal führen. Aber aus Sicherheitsgründen sind diese Roboter noch sehr langsam. Sie dürfen mit ihren bis zu 250 Kilogramm Gewicht natürlich niemanden verletzen. Hier hat der menschliche Berater einen kla-ren Vorteil: Er kann den Kunden im normalen Schritttempo zum Regal begleiten und

WEGBEREITER

„Ich stehe auf dem Standpunkt, dass ein gut informierter und motivierter Mitarbeiter, der Spaß an seinem Job hat, auch auf absehbare Zeit besseren Service als eine Maschine leisten wird."

ihm weitere Fragen zum Artikel stellen. Das funktioniert mit den existierenden Baumarkt-Robotern noch nicht – und wird es auch auf absehbare Zeit nicht. Es kann noch 20-30 Jahre dauern, bis sie so gut sind, dass garantiert keine Unfälle passieren. Heute sind wir schon froh, wenn wir im industriellen Umfeld Cobots haben, die zuverlässig mit Menschen zusammenarbeiten. Das sind aber im Zusammenspiel mit Robotern keine Laien wie die meisten Kunden, sondern Facharbeiter, die darauf trainiert sind. Davon sind wir im Service noch weit entfernt.

Welche Anwendungen könnten hier früher kommen?

Wenn Datenbrillen für Augmented-Reality-Anwendungen komfortabler zu tragen sind, bessere Batterieaufzeiten und weniger Wärmeentwicklung haben, werden sie eine interessante technische Plattform für KI-basierte Serviceleistungen sein. Dann können sie sich als Kunde oder Mitarbeiter direkt am Regal nützliche Zusatzinfos einblenden lassen. Und die Ergonomie ist deutlich besser, als wenn ich auf mein Smartphone schauen muss und wieder ins Regal. Ich habe so alles gleichzeitig im Blick.

Wenn die technische Entwicklung so weitergeht, welche Zukunft sehen Sie für den Menschen?

Ich stehe auf dem Standpunkt, dass ein gut informierter und motivierter Mitarbeiter, der Spaß an seinem Job hat, auch auf absehbare Zeit besseren Service als eine Maschine leisten wird. Nehmen wir den Pflegebereich: Eine liebevolle Pflegekraft, bei der sie das Gefühl haben, sie stehen als Mensch im Mittelpunkt und erfahren Zuneigung, ist für sie viel wertvoller als ein Roboter, der seinen Pflegedienst zwar routiniert, aber nüchtern erledigt. Ist die Pflegekraft jedoch wenig empathisch und unmotiviert und lässt sie das spüren, kann ein neutraler Roboter die bessere Lösung sein. Es ist also wichtig, dass Servicekräfte sich den Menschen zuwenden. Dabei kann KI unterstützen, etwa indem sie Wissenshilfen anbietet.

Die Telekom hat gerade ihren digitalen Assistenten, einen Service-Chatbot, in ihren Smart Speaker „Hallo Magenta" integriert. Der bietet künftig Service auf Zuruf. Werden sich solche KI-Systeme durchsetzen?

Es kommt an dieser Stelle darauf an, wie nahtlos man einen solchen digitalen Service ins Kundengespräch integriert. Wenn der Kunde das Gefühl hat, er kann mit dem digitalen Assistenten chatten wie mit einem Menschen und er bekommt schnell und einfach valide Antworten, dann hat das einen absoluten Mehrwert für ihn. Dann wird sich das durchsetzen. Die Menschen schätzen die permanente Verfügbarkeit solcher Systeme, niemand wartet gerne, jeder möchte sofort drankommen. Hier können Smart Speaker punkten: Sie sind in der Lage, zig Kundenanfragen gleichzeitig zu bedienen, werden nie müde und machen auch keine Fehler, wenn sie richtig programmiert wurden.

Der Mensch ist für Emotionen zuständig, die Maschine übernimmt Routineaufgaben?

Es gibt schon heute im Servicebereich Systeme, die zwischen Chatbots, die FAQs beantworten, und Menschen, die komplexere Fragen übernehmen, fast nahtlos hin- und herwechseln. Und ich glaube, das ist die Zukunft! Wir werden Experten haben, die zehn Kundendialoge gleichzeitig bedienen und nur die kniffligen Teile übernehmen. Am DFKI haben wir KI-Systeme entwickelt, in denen die Emotionserkennung eine wichtige Rolle spielt. Die KI erkennt, ob jemand am Telefon aufgeregt ist. Dann leitet sie das Gespräch direkt an einen geschulten Mitarbeiter weiter. Es gibt nichts Schlimmeres, als einen wütenden Kunden an einen Chatbot weiterzuleiten, der stereotype Antworten gibt. Das ist und bleibt eine Domäne, in der ein gut geschulter Mitarbeiter mehr Erfahrung, Expertise und Fingerspitzengefühl hat als ein Bot.

Viele Menschen haben noch Vorbehalte, was KI im Allgemeinen oder Bots im Speziellen angeht. Wie lässt sich die Akzeptanz dafür erhöhen?

Transparenz ist – zumindest in unserem Kulturkreis – entscheidend für die Akzeptanz. Unternehmen sollten deutlich machen, dass ich mich gerade mit einem Chatbot unterhalte. Google tut das, Amazon macht es nicht ganz so transparent. Eine zweite Voraussetzung ist, dass ich mich auch jederzeit mit einem Menschen unterhalten kann, wenn ich möchte. Diese Opt-Out-Option ist ebenfalls wichtig. Das ist kein Widerspruch zum Servicegedanken, weil ich letztlich das anbiete, was der Kunde gern möchte. Außerdem kommt es auf gute User Experience an. Wenn es benutzerfreundlich ist und Spaß macht, ein solches KI-System zu bedienen, wird es auch auf breite Akzeptanz stoßen. Davon bin ich fest überzeugt!

Aber die emotionale Komponente wird diesen Mensch-Maschine-Dialogen auch in Zukunft fehlen – oder ändert sich das irgendwann?

Ein guter Verkäufer hat die Mission, dem Kunden eine gute Zeit zu verschaffen und ihm das Glücksgefühl zu bescheren, das richtige Produkt zu einem fairen Preis gefunden zu haben. Für eine KI ist es viel schwieriger, die gleiche User Experience zu liefern. Beim Menschen kann die Zuneigung echt sein. Bei einer Maschine weiß ich, dass sie keine Emotionen hat, sondern nur klare Zielvorgaben. Man kann versuchen, das menschliche Verhalten – verbale Sprache, Mimik, Körpersprache usw. – auf anthropomorphe KI-Systeme zu übertragen, aber das ist sehr komplex. Und am Ende bleibt es eine Kopie. Wenn der Kern der Interaktion ein sozialer ist, sind Maschinen einfach im Hintertreffen.

„Man sollte KI-Systeme behandeln wie ein Werkzeug, wie einen Hammer oder einen Akkuschrauber. Ich glaube nicht, dass wir auf absehbare Zeit künstliche Systeme sehen, die so etwas wie ein Bewusstsein entwickeln. Das ist eine völlig abwegige Vorstellung!"

Das gilt auch für die humanoiden Roboter, die es bereits gibt?

Bislang gibt es keinen Roboter, der das hinkriegt. Selbst die Klon-Kopien unserer japanischen KI-Kollegen nicht. Die sehen zwar täuschend echt aus, aber auch deren nonverbaler EQ ist noch sehr rudimentär. Es wird noch lange dauern, bis wir Roboter sehen, die im Verhalten vom Menschen nicht zu unterscheiden sind, weil sie sich gleich bewegen, gleich verhalten und die gleiche Mimik haben. Als Wissenschaftler bin ich mir allerdings sehr sicher, dass das kommen wird. Gerade bei der Emotions-erkennung und Emotionsgenerierung haben wir große Fortschritte gemacht. Irgend-wann werde ich als Kunde nicht mehr unterscheiden können, ob ich mit einem Menschen oder einer Maschine interagiere. Dann haben die Maschinen den Tu-ring-Test für soziale Interaktionen bestanden.

Welche Rolle bleibt dann noch dem Menschen im Service?

Wir reden hier von der ganz fernen Zukunft. Es stellt sich die Frage, was verstehen Menschen dann noch unter Service? Vieles werden unsere digitalen Butler erledigen. Es wird aber immer Dinge geben, die mir so wichtig sind, dass ich mich persönlich mit einem Menschen unterhalten möchte. Darum glaube ich, dass die menschliche Interaktion im Service immer eine bedeutende Rolle spielen wird.

Können Sie das konkretisieren?

Als DFKI arbeiten wir seit zehn Jahren mit dem Globus-Warenhaus in St. Wendel zusammen. In unserem „Innovative Retail Laboratory" forschen wir an KI-Systemen für den Handel. Ein großes Thema ist die Bedarfsabschätzung. Wenn ich abschätzen kann, wann ein Kunde etwas benötigt, kann ich einfache Abo-Modelle aufbauen. Dann müssen sie nicht mehr in den Supermarkt gehen, alles kommt automatisch ins Haus – wie Strom oder Wasser. An dieser Stelle brauchen sie eigentlich keinen Service mehr. Daneben wird es aber Dinge geben, die sie sich selbst besorgen möchten – wie frischen Fisch. Dann möchten sie von einem erfahrenen Händler bedient werden, der sich perfekt auskennt und persönliche Empfehlungen ausspricht. In solchen Situati-onen bleibt menschlicher Service ganz zentral.

Wie sollte der Mensch mit seinen künstlichen Co-Workern künftig umgehen?

Man sollte KI-Systeme behandeln wie ein Werkzeug, wie einen Hammer oder einen Akkuschrauber. Microsoft Office betrachte ich ja auch nicht als Pendant zu einer Se-kretariatskraft, sondern als Support-Tool. Ich glaube nicht, dass wir auf absehbare Zeit künstliche Systeme sehen, die so etwas wie ein Bewusstsein entwickeln. Das ist eine völlig abwegige Vorstellung! Am DFKI beschäftigen wir uns damit noch gar nicht, weil wir nur KI-Systeme bauen, die als Assistenzsysteme für den Menschen gedacht sind.

Die Maschine denkt, der Mensch lenkt – auch, wenn Systeme immer intelligenter werden?

Ich würde mir wünschen, dass der Mensch bei allen Entscheidungen, die andere Menschen betreffen und auf deren Leben einen großen Einfluss haben, das letzte Wort behält – etwa bei Gerichtsentscheiden oder in der Medizin. KI kann unterstützen und dem Arzt bei der Diagnose helfen, was dann mit dem Patienten geschieht, sollte aber immer der Arzt entscheiden. Natürlich haben wir schon KI-Systeme, die selbstständig Entscheidungen ausführen – z. B. an der Börse. Das kann ein Mensch auch gar nicht alles kontrollieren. In anderen Bereichen sollte er aber die Entscheidungshoheit behalten.

Wie können wir sicherstellen, dass KI auch in Zukunft dem Menschen im Service dient und nicht umgekehrt?

Wir haben in Europa die große Chance, kommende KI-Anwendungen an vorderster Front mitzugestalten. Die USA und China haben zwar in der Plattform-Ökonomie und den darauf beruhenden Dienstleistungen im Consumer-Bereich die Nase vorn. Ich glaube jedoch, die menschenzentrierte KI, um die es auch in unserem europäischen Forschungsprojekt „Claire" geht, kann ein echter Verkaufsschlager werden – wenn wir das richtig machen. Dafür brauchen wir klare Regularien, aber auch Systeme, die diese Menschenzentriertheit vorwegnehmen. Das heißt, sie müssen eine hohe Transparenz haben, ihre Entscheidungen sollten jederzeit nachvollziehbar sein und sie dürfen nicht unnötig diskriminieren. Mit Diskriminierungsfreiheit meinen wir Faktoren wie Geschlecht, Hautfarbe oder Religion. All dies darf bei Entscheidungen oder Empfehlungen von menschenzentrierten KI-Systemen keine Rolle spielen. Wir werden auch ethische Richtlinien befolgen müssen. Und es wird Regularien geben, die dafür den Rahmen setzen. Das ist ein großer USP, das kann man gut verkaufen. Mit der menschenzentrierten KI haben wir also in Europa die Chance – ähnlich wie bei der Datenschutzgrundverordnung –, etwas zu erschaffen, das weltweit zum Goldstandard wird.

> **„Mit der menschenzentrierten KI haben wir also in Europa die Chance – ähnlich wie bei der Datenschutzgrundverordnung –, etwas zu erschaffen, das weltweit zum Goldstandard wird."**

Wer wird sich hier durchsetzen? Der Schnellste oder der mit der besten Lösung?

Wir müssen schnell agieren als europäische Gemeinschaft. Einzelne Länder werden nicht viel erreichen. „Claire" hat von der EU eine große Fördersumme erhalten, um das Forschungsnetzwerk weiter auszubauen. Zusammen mit unseren französischen Partnern sind wir gerade dabei, ein europäisches KI-Leuchtturmzentrum zu errichten, quasi ein CERN der KI. Das wird ein weiterer Ort, an dem Industrie und Wissenschaft gemeinsam an menschenzentrierter KI forschen und dafür sorgen, dass wir möglichst schnell Anwendungen, die diesem Paradigma folgen, sehen werden.

Bedeutet eine höhere Geschwindigkeit nicht zugleich Abstriche in der Qualität?

Wir Deutsche müssen uns schneller bewegen, schneller Produkte auf den Markt bringen und diese ausprobieren. Wir sind tief im Inneren Ingenieure, die ein Produkt nach Spezifikationen bauen, die 100-prozentig eingehalten werden müssen – auch in der Softwareentwicklung. Im Silicon Valley hingegen bringt man Produkte auf den Markt, auch wenn sie nur halbfertig sind. Trotzdem werden sie verkauft und schrittweise – mit Hilfe des Kundenfeedbacks – verbessert, so macht das z. B. Tesla. Das führt dazu, dass Tesla einen fünf- bis sechsjährigen Elektronik-Vorsprung hat. Von diesem Vorgehen brauchen wir – mit Blick auf menschenzentrierte KI – auch in Europa mehr.

Hat das DFKI hierzu schon etwas in der Pipeline?

Ja, mit „ki elements" haben wir ein Spin-off im Gesundheitsbereich. Das kann anhand eines Dialogs, den ein Mensch mit einer Maschine führt, kognitive Dysfunktionen erkennen – bis hin zu ersten Anzeichen von Parkinson oder Alzheimer. Die Idee dahinter ist, dass sich diese Parameter in Zukunft im täglichen Dialog mit Alexa & Co. nebenbei überprüfen lassen. Dann kann mir das System relativ frühzeitig raten, einen Arzt aufzusuchen. Den Datenreport kann ich mir ausdrucken und mitnehmen. Weil das eine menschenzentrierte KI ist, muss die Datenspeicherung transparent und sicher erfolgen. Wir sind noch am Anfang, aber im Labor haben wir bereits erste erfolgreiche Tests gemacht. Ich denke, eine solche Sprachsignal-Analyse bezogen auf kognitive Einschränkungen könnte schon in fünf Jahren marktreif sein.

Wissen zum Mitnehmen

1 Intelligente Assistenzsysteme wie etwa KI-Empfehlungssysteme können eine sinnvolle Ergänzung zum menschlichen Service sein und das Kundenerlebnis spürbar verbessern.

2 Kunden schätzen z. B. die permanente Verfügbarkeit von Chatbots. Zudem können die viele Kundenanfragen gleichzeitig bedienen, werden nie müde und machen keine Fehler.

3 Für einen Mehrwert müssen solche KI-Services nahtlos in den Kundenkontakt eingebunden werden. Bei komplexeren Anliegen muss der Berater direkt übernehmen können.

4 Neben einem spürbaren Mehrwert und einer guten User Experience ist eine hohe Transparenz entscheidend für die Akzeptanz von KI-Systemen im Service.

5 Bei sozialer Interaktion sind KI-Systeme im Hintertreffen. Ein gut informierter und motivierter Mitarbeiter wird hier auf absehbare Zeit einen besseren Service leisten.

6 Es wird noch sehr lange dauern, bis sich Roboter wie Menschen bewegen, verhalten und die gleiche Mimik besitzen.

7 Bei wichtigen Dingen wird der Mensch immer den Vorzug erhalten. Menschliche Interaktion wird somit immer eine bedeutende Rolle im Service spielen.

Guter Service ist für Banken überlebens- wichtig

ANDERSMACHER

Die Welt, in der wir leben, wird zunehmend von digitalen Technologien beherrscht. Wer glaubt, dass persönlicher Kontakt in Zukunft nicht mehr gebraucht wird, der irrt. Insbesondere im Finanzsektor bleibt guter Service ein entscheidender Wett- bewerbsvorteil, erklärt unser Gastautor Dr. Hansjörg Leichsenring.

> „Ein Unternehmen, das sich uneingeschränkt dem Service widmet, hat nur eine Sorge bezüglich der Gewinne. Sie sind peinlich groß."
> — Henry Ford

In Sachen digitale Transformation sind Banken und Sparkassen zwar „Spätstarter", haben aber in den letzten Jahren – nicht zuletzt dank Druck durch neue Wettbewerber – deutlich Fahrt aufgenommen. Die Kunden können sich inzwischen über vielfältige digitale Angebote freuen. Insbesondere das Smartphone ist auf dem bestem Weg, für viele zum digitalen Finanzcenter zu werden.

Freud und Leid der Digitalisierung

Die Digitalisierung hat aber auch unangenehme Folgen für die Kunden. Immer mehr Kreditinstitute reduzieren mehr oder weniger deutlich ihr Filialnetz. Einer Oliver Wyman Studie zufolge haben die deutschen Banken und Sparkassen zwischen 2008 und 2018 rund 12.000 Filialen und damit fast ein Drittel ihrer Standorte geschlossen. Bis 2030 wird ein weiterer Rückgang auf 15.800 erwartet.

Mit anderen Worten: Das Angebot von persönlich erbrachtem Kundenservice im Bankbereich wird deutlich zurückgehen. Banking scheint sich vom „People Business" zum „Digital Business" zu wandeln.

Hat sich das Kundenverhalten wirklich geändert?

Begründet wird dies von den Instituten zum einen mit der Notwendigkeit, Kosten zu sparen und zum anderen mit einem veränderten Kundenverhalten. Tatsächlich zeigen jedoch Umfragen des Branchenverbandes Bitkom, dass 80 Prozent der Bankkunden weiterhin Bankfilialen besuchen.

Lediglich 22 Prozent vertrauen ausschließlich auf digitale Kanäle. Gegenüber 2014 ist dies zwar ein Zuwachs von 12 Prozentpunkten, absolut jedoch immer noch eine Minderheit. Und viele Experten schätzen, dass der Anteil der „Digital only"-Kunden auch zukünftig nicht über 25 bis 30 Prozent reichen wird.

Rund die Hälfte der Kunden nutzt allerdings sowohl Filialen als auch digitale Kanäle. Auf Online- oder Mobile-Banking zu verzichten, ist demzufolge keine Option, wird doch auch die Bereitstellung dieser Kanäle als Service wahrgenommen, wenngleich nicht als persönlicher.

↑
80%
DER BANKKUNDEN BESUCHEN WEITERHIN FILIALEN

MAXIMAL
30%
DER KUNDEN NUTZEN KÜNFTIG „DIGITAL ONLY"

ANDERSMACHER

84 %

DER MENSCHEN WOLLEN
AUCH IN ZUKUNFT REALE
ANSPRECHPARTNER

Kunden wollen persönlichen Kontakt

Gerade in Zeiten des zunehmenden Einsatzes moderner Technologien (ein gutes Beispiel sind Service-Chatbots) verlangen viele Kunden ganz bewusst nach persönlichem Kontakt. Auch dies wird durch entsprechende Befragungen untermauert:

Der Bankenverband hat 2017 in einer Analyse festgestellt, dass 86 Prozent der Bankkunden sich nicht vorstellen können, alle Finanzgeschäfte ohne Filiale abzuwickeln.

Einer PWC-Studie aus dem Jahr 2018 zufolge wollen 84 Prozent der Menschen in Zukunft mit realen Ansprechpartnern zu tun haben, insbesondere dann, wenn Technologien sich weiterverbreiten.

Nach einer Untersuchung der Teambank aus demselben Jahr wollen 78 Prozent der Bankkunden zu Kernthemen wie Geldanlage oder Altersvorsorge mit einem persönlichen Berater sprechen.

Service als Erfolgsfaktor der Differenzierung

In einer gemeinsamen Befragung von YouGov und Der Bank Blog aus 2019 wurde deutlich, dass nur die Hälfte der Bankkunden einen Unterschied zwischen der eigenen Hauptbank und den anderen am Markt vorhandenen Banken und Sparkassen wahrnimmt. Dazu befragt, was denn den erkennbaren Unterschied ausmache, waren die drei wichtigsten Differenzierungsfaktoren:

Persönliche Nähe: (Beratung, Mitarbeiter, Ansprechpartner, räumliche Nähe, Service): 73 Prozent
Vertrauen: (Sicherheit, Transparenz, Ehrlichkeit):
33 Prozent
Preise: 33 Prozent

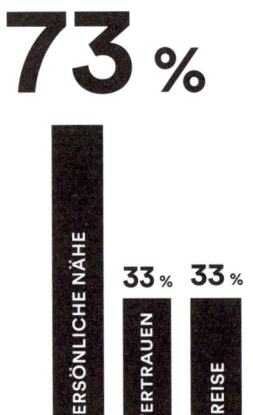

73 %

PERSÖNLICHE NÄHE **33** % **33** %
VERTRAUEN PREISE

GRÖSSTE UNTERSCHIEDE
ZWISCHEN DER HAUSBANK
UND ANDEREN BANKEN
AUS KUNDENSICHT

Service alleine war dabei für die Kunden aller Bankengruppen unter den wichtigsten fünf Differenzierungsfaktoren vertreten. Das überrascht nicht, denn seit vielen Jahren zeigen Befragungen unter Bankkunden regelmäßig die hohe Bedeutung von Service in der Finanzbranche. Für viele Kunden macht Service den Unterschied zwischen einer guten und einer schlechten Bank aus.

Die „Service-Ambivalenz" der Banken

Vor etlichen Jahren dachte eine der deutschen Großbanken darüber nach, einen neuen Begriff für ihre Filialen einzuführen. Man suchte etwas mit mehr und neuer Aussagekraft. Die Bank prüfte in Umfragen verschiedene Begriffsvarianten auf Zustimmung und Akzeptanz bei Kunden und Mitarbeitern. Die Verantwortlichen der Bank hofften darauf, dass der Begriff „Beratungsfiliale" beim Kunden gut ankäme. Eindeutiger Favorit aus Kundensicht war jedoch die Bezeichnung „Servicefiliale". Dummerweise war dies zugleich der Begriff mit dem schlechtesten Zustimmungswert bei den Mitarbeitern.

Der Grund für diese Ambivalenz: Der Begriff „Service" ist bei Bankmitarbeitern traditionell negativ besetzt. Sie verstehen unter „Service" kurz und vereinfacht gesagt „Schalterdienst" und davon wollen die meisten so schnell wie möglich weg.

Bankkunden „lieben" guten Service

Für Kunden hingegen ist Service etwas Wichtiges, oft sogar etwas Entscheidendes. Dies gilt besonders, da die meisten Finanzprodukte mehr oder weniger beliebig austauschbar sind.

Erfolgreiche Banken und Sparkassen bieten ihren Kunden daher keine Produkte, sondern Lösungen mit Mehrwerten für ihren Bedarf. Die Digitalisierung bietet ideale Unterstützung besonders für Know-how-intensive Angebote. Gutem Kundenservice kommt dabei eine zentrale Bedeutung zu. Servicequalität wird zum Erfolgsfaktor und kann über Zufriedenheit und Treue von Bankkunden entscheiden.

„Erfolgreiche Banken und Sparkassen bieten ihren Kunden keine <u>Produkte</u>, sondern <u>Lösungen</u> mit Mehrwerten für ihren Bedarf."

Drei Empfehlungen für Banken und Sparkassen

Bankkunden haben Ziele und Wünsche. Bankprodukte sind kein Selbstzweck, sondern sollen dem Erreichen der Ziele und der Realisierung der Wünsche dienen. Da es in der Regel nicht nur „das eine" Produkt gibt, benötigen die meisten Kunden Hilfestellung, sprich Beratung und Service. Die folgenden drei Empfehlungen können dabei helfen, eine ausgeprägte Servicekultur zu entwickeln:

ANDERSMACHER

→ **Orientieren Sie sich an Amazon**
Amazon ist ein Musterbeispiel für exzellenten Kundenservice in der digitalen Welt. Kein Wunder, denn bei den Führungsgrundsätzen steht „Customer Obsession" (Kundenbesessenheit) an erster Stelle: „Leaders start with the customer and work backwards. They work vigorously to earn and keep customer trust. Although leaders pay attention to competitors, they obsess over customers." („Führungskräfte beginnen beim Kunden und arbeiten rückwärts. Sie arbeiten intensiv daran, das Vertrauen der Kunden zu gewinnen und zu erhalten. Führungskräfte achten zwar auf Mitbewerber, sind aber von Kunden besessen.") Der Kunde, seine Ziele und Wünsche, kurz, sein Bedarf stehen bei Amazon an erster Stelle. Banken sollten sich daran ein Beispiel nehmen.

→ **Kant gilt auch für Banken**
Banken beklagen sich oft darüber, unfair behandelt zu werden. Hohe Regulierungsauflagen würden es erschweren, den Kunden zufriedenzustellen. Spätestens die Finanzkrise hat jedoch deutlich gemacht, dass Eigennutz bei vielen Instituten höher bewertet wurde als Kundenbedarf. Hier bietet der Kant'sche Imperativ eine gute Leitlinie: „Handle nur nach derjenigen Maxime, durch die du zugleich wollen kannst, dass sie ein allgemeines Gesetz werde." Mit anderen Worten: Banken sollten ihre Kunden so behandeln, wie sie selbst behandelt werden möchten.

→ **Überlassen Sie Ihren Kunden die Wahl**
Auch in einer zunehmend digitalen Welt wollen die meisten Kunden – wie geschildert – nicht auf persönlichen Kontakt verzichten. Wollen Filialbanken nicht mit Direktbanken verwechselt werden, müssen sie ihren Kunden weiterhin eine Auswahl bieten. Zwar wird das Filialnetz weiter abnehmen, in den verbleibenden Standorten wird eine hohe Servicequalität dafür umso wichtiger. Physische Kommunikations- und Vertriebskanäle werden auf absehbare Zeit eine weiterhin wichtige Rolle in der Kunde-Bank-Beziehung spielen. Es gilt allerdings, die Kanäle besser zu vernetzen, damit Kunden in ihrer Customer Journey jederzeit am gewünschten Kanal ein- oder aussteigen können.

„Für viele Kunden macht Service den Unterschied zwischen einer guten und einer schlechten Bank aus."

Mark Klein

RE: RE: RI
FWD: RE:
RE: AWD:
RE: RE: A\
FWD: AW

Sentio,
ergo sum.*

*„Ich fühle, also bin ich" – oder warum guter
Service eine Frage von Philosophie ist.

Für René Descartes stand 1637 fest: Man muss
denken, um zu sein. Er prägte den Satz: „Cogito,
ergo sum". Doch der Franzose war reiner Ratio-
nalist. „Wer heute etwas ‚sein' will, bestehen will –
zum Beispiel im Markt eines Servicedienstleisters,
muss Gefühl mitbringen, nicht nur sachliches
Denken." Das sagt Mark Klein, Chief Digital Officer
der ERGO Group.

Wie? Wann? Wo? sind quasi Sinnfragen der Digitalisierung. Bei der Unterstützung der eigenen Serviceprozesse zum Beispiel. Aber zeitgemäße Antworten und damit verbundene Investitionen (frei-)zugeben, folgt beim Düsseldorfer Versicherungskonzern ERGO immer einer Prämisse: Dass bei aller Technologie Raum bleibt für Menschlichkeit, Emotionalität und Feinsinn. Die Philosophie dahinter: Wollen sollen! Denn ob digitale Technologien wirklich Nutzen bringen – und ausgeschöpft werden – ist eine Frage der Akzeptanz. „Und da", so nur eine Erfahrung des ERGO-CDO, „ist es erfolgsentscheidend, wenn Bots, Künstliche Intelligenz und Co. auf dem Wunschzettel der Kunden und Mitarbeiter ganz oben stehen."

Herr Klein, dem Manager Magazin haben Sie kürzlich gesagt, „das Netflix oder Uber der Versicherungsbranche zu entwickeln", sähen Sie als eine schöne Herausforderung für sich. Wie weit sind Sie damit?

Bei unserer Suche sind wir auf drei Schienen unterwegs. Zum einen modernisieren wir das Geschäftsmodell Versicherung über digitale Technologien wie etwa im Bereich Omni-Channel-Fähigkeit und führen es näher zum Kunden. Zum anderen bedienen wir uns selbst der Disruption zum Beispiel über „nexible", unseren rein digitalen Versicherungs-Player. Darüber hinaus entwickeln wir aber auch völlig neue Geschäftsmodelle, etwa im Bereich Mobility. Hier bauen wir ein Ökosystem auf Basis von Kooperationen und Entwicklungspartnerschaften mit Start-ups und großen Playern der Branche wie Volvo, Ford oder Great Wall Motors in China. Und errichten so ein Netzwerk von Unternehmen, das bessere Mobilitätslösungen für gemeinsame Kunden entwickelt.

Was lässt gerade Netflix und Uber für Sie so reizvoll erscheinen?

Wir suchen hier nach einem Weg, das Thema Versicherung in erster Linie über unsere Services emotionaler zu machen. Etwas vergleichbar Leichtes, Angenehmes und Vielfältiges im Bereich Versicherungen zu finden – das am Ende des Tages unseren Kunden einen echten Mehrwert bietet und sie begeistert. Das schwebt mir vor.

WEGBEREITER

„AI in Live-Systeme einzubringen, braucht interdisziplinäre Teams – Kollegen, Skills, Talente und Verantwortlichkeiten."

Inwieweit verändert sich die Gruppe der Versicherungskunden durch die Digitalisierung? – Und was bedeutet das mit Blick auf Ihr Credo: „Digitalisierung immer entlang der Bedürfnisse unserer Kunden"?

Die Kunden verändern sehr stark ihr Kommunikationsverhalten. Aber ob Brief, Telefon, E-Mail, Facebook oder Chat – sie erwarten von uns, dass wir ihnen Services so bereitstellen, wie sie ihn von anderen gewohnt sind. Dabei vergleichen sie uns nicht nur mit anderen Versicherern, sondern auch mit Unternehmen anderer Branchen. Diese Erwartungen und Bedürfnisse, hervorgerufen und befeuert durch die tägliche Erlebniswelt jedes einzelnen Kunden, steigen ständig.

Im Kontext von Smart Home etwa möchte der Versicherungsnehmer nicht melden müssen, wenn er einen Schadensfall hat. Stattdessen erwartet er, dass wir ihm sagen, wenn ein Schaden entsteht. Ähnlich ist es im Bereich Cyber Security. Es ist schön, wenn man einen Angriff versichert hat. Noch viel schöner ist es, wenn man einen Angriff abwehren kann. Solche Beispiele machen deutlich, dass Versicherungsprodukte zukünftig immer mehr Technologien nutzen werden, etwa aus dem Bereich Sensorik, Connectivity oder Security.

Wie muss Service sein, damit er Kunden begeistert?

Im ersten Schritt muss Service passgenau auf die individuellen Bedürfnisse des Kunden abgestimmt sein. Es geht darum zu erkennen, welche unserer Ressourcen der Kunde wirklich braucht. Es gibt Situationen, da wollen Kunden Emotionalität im Sinne von Verständnis und Anteilnahme. Wenn es etwa um die Absicherung der Gesundheit geht oder Fragen der Berufsunfähigkeit. Dann wollen sie mit einem Menschen sprechen und nicht mit einem Chatbot. In anderen Fällen wollen sie einfach nur ein Problem lösen und das so schnell und einfach wie möglich. Für eine Adressänderung zum Beispiel brauchen sie keinen Menschen.

Da gehe ich ins Portal, habe keine Warteschleife und bekomme sofort Feedback. Digital, schnell, einfach mit minimalem Aufwand für mich als Kunden. Das wird erwartet und muss erfüllt werden. Die Königsdisziplin ist jedoch, auch hier einen „Wow-Effekt" zu erzielen.

Diese Art „virtueller Treffpunkt" des Mehrwerts, den digitale Hilfsmittel leisten können und des Moments, wo menschliche Stärke ins Spiel kommt – ist der fix oder eher variabel?

Das ist ein großes Thema, das wir auch intern viel diskutieren. Die Frage dahinter ist: An welcher Stelle soll Technik die Servicekräfte unterstützen, besser zu werden und wo ist es sinnvoll, durch Automatisierung Mitarbeiter aus Arbeitsroutinen herauszunehmen? Meine These ist: In 80 Prozent der Fälle unterstützt Technik. Nur im Bereich rein repetitiver Verwaltungstätigkeiten kann sie den Rest, der lange Zeit auch von Menschen erledigt wurde, vollständig übernehmen. So geben wir Mitarbeitern auch mehr Raum für das, was sie als Menschen ausmacht: Mit Emotionalität und Kreativität für unsere Kunden Problemlösungen auf den Weg bringen. So etwas ist auch für jeden von uns spannender, erfüllender und motivierender. Und Automatisierungstechniken wie Robotics helfen dabei, dieses Thema umzusetzen.

Ich gebe ein Beispiel: Unsere Kollegen in Indien haben einen Roboter gebaut, der sie bei der Übernahme einer Kfz-Police strukturiert durch den nicht ganz unkomplizierten Prozess führt, wenn ein Kunde sein Fahrzeug wechselt. Damit haben wir gleich vier Effekte – das Kundenanliegen wird rascher gelöst; Mitarbeiter- und Kundenzufriedenheit gehen hoch und die Kosten gehen runter, weil die Calls deutlich schneller zum Wunschergebnis des Kunden führen. Auch klassische Prozesse, die immer wieder auftauchen, rund um Hagelschäden zum Beispiel, werden bei uns inzwischen von Robotern unterstützt.

2017 haben Sie den „Digital Morning" eingeführt – wenn man so will ein institutionalisiertes „Dating-Format" für die ERGO-Belegschaft und den digitalen Transformationsprojekten des Konzerns. Wie schnell haben Sie Mitarbeitern Berührungsängste nehmen und ihnen die Digitalisierung näherbringen können?

Es geht mir bei dieser Veranstaltungsreihe unter anderem darum, Digitalisierung zu entmystifizieren. Und genau dieser Ansatz hat offenbar Erfolg. Die Digital Mornings werden konsequent alle drei Wochen durchgeführt und sind immer ausgebucht. Neben der Präsenzveranstaltung an wechselnden deutschen ERGO-Standorten streamen wir mittlerweile in die komplette ERGO Gruppe – auch europaweit. Und aus meiner Sicht ist es gerade dieser damit verbundene Blick aus dem Maschinenraum, der hilft, Ängste zu nehmen und neue Technologien nicht mehr als Gegner wahrzunehmen, sondern als Unterstützer.

Dabei geht es gar nicht so sehr darum, den vermeintlichen Digitalisierern und Developern eine Bühne zu bieten, sondern den beteiligten Fachbereichen. Denn – machen wir uns nichts vor – im Zweifel sind es die Fachbereiche, die die Digitalisierung vorantreiben: wenn ich als CDO hier nicht überzeugen kann, dann transformiere ich per Befehl. Aber ein in diesem Sinne erzwungener Change entfacht doch höchstens Strohfeuer. Nichts Nachhaltiges. Ich neige viel mehr dazu zu sagen, dass der Wunsch zu Veränderung klar von den Akteuren selbst kommen muss. Das braucht Fingerspitzengefühl, eine andere Art der Führung und sicherlich auch manchmal einen längeren Atem. Aber das Ergebnis ist wesentlich beständiger und für mich persönlich erfüllender.

So sind wir auch mit unseren Robotern gestartet. Im Ergebnis machen unsere Mitarbeiter heute die Erfahrung: Der Roboter arbeitet für mich, mein Arbeitsplatz ist immer noch da, und dieser wird sogar attraktiver. Und wir im Management machen die Erfahrung: Immer mehr unserer Fachbereiche fragen aktiv nach und kommen mit

„Wir müssen Digitalisierung entmystifizieren."

Prozessen auf uns zu, in denen sie sich Automatisierung wünschen. Mitarbeiter weisen auf eine redundante Tätigkeit hin, geben eine Aufgabenbeschreibung und mein Robotics-Team macht sich an die Entwicklung.

Das zeigt, digitale Transformation ist natürlich technisch getrieben, bedeutet aber vor allem auch eine kulturelle Transformation. Und „volle Power" erreichen sie nur, wenn alle Mitarbeiter mitziehen. Wenn die Idee, der Wunsch nach einem Roboter und seine Aufgabenbeschreibung von den Mitarbeitern selbst kommen. Über diese Aufgabenbeschreibung hinaus wird ein Roboter auch nie etwas tun. Denn am Ende des Tages, das wissen unsere Kollegen, muss immer noch ein Mensch entscheiden. Vor allem wenn es knifflig wird. Wir stellen allen Kollegen – und auch dem Betriebsrat – jeden Roboter gemeinsam mit dem Fachbereich vor. So nutzen wir intern heute schon mehr als 40 „Roboterkollegen", und alle zwei Wochen gesellt sich ein weiterer hinzu.

Was kommt als nächstes?

Etwas Vergleichbares wollen wir auch mit Künstlicher Intelligenz aufsetzen. Da ist die Hürde allerdings höher, weil das Thema komplexer ist und Menschen, wenn sie heute von AI (Artificial Intelligence) hören, immer gleich sorgenvoll den Terminator sehen. Tatsächlich sind wir derzeit im Bereich von Narrow-AI unterwegs. Das heißt, Künstliche Intelligenz kann heute Dinge erledigen, die ein Vierjähriger kann. Irgendwann kommt es zu Intelligent AI und dann zu Super Intelligent AI. Wann das sein wird, wissen wir nicht, aber wir versuchen bereits die Probleme zu lösen, die die nächsten AI-Generationen an uns stellen werden. Das heißt, dass wir uns über Ethik unterhalten und die Frage: Wo wollen wir die Algorithmen eigentlich einsetzen, und wie könnte ein entsprechend verbindlicher Kodex aussehen? Denn natürlich polarisiert das Thema KI stark. Da gibt es die Gegner, die sagen: „Das ist zu schnell". Dann gibt es die Befürworter, die sagen: „Wir sind viel zu langsam, schaut nach China," dort investieren alle massiv in die Technologie, und wir stattdessen tun uns schwer und sagen, wir müssen das Ganze erst einmal regulatorisch verstanden haben. Es kann nicht sein, dass wir immer erst alles geklärt haben müssen, bevor wir Technik ausprobieren oder sie gar prinzipiell verteufeln. Ich glaube, wir haben die Chance, einen europäischen Weg zu gehen. Mit sehr qualifizierten Mitarbeitern und Technik, die den Menschen noch besser macht. Ein wenig ist das so, wie das Beispiel vom Iron Man. Der hat seine Rüstung und ein Steuerungssystem, aber am Ende des Tages steckt der Mensch noch drin. Seine Skills, alles, was er kann, hat ein Mensch ihm beigebracht. Und gemeinsam erbringen sie den perfekten Service beziehungsweise die perfekte Beratung für unsere Kunden. Dafür müssen sie Prozesse einführen, innerhalb derer die Künstliche Intelligenz immer wieder durch Menschen überprüft wird. Mit dem Ergebnis, dass wir von den Algorithmen ständig lernen, aber sie umgekehrt auch von uns – was sie tun dürfen und was nicht. Künstliche Intelligenz in Live-Systeme einzubringen muss also gut durchdacht sein und braucht, wenn man so will, interdisziplinäre Teams und Kollegen mit unterschiedlichsten Skills, Talenten und Verantwortlichkeiten. Und in jedes dieser Teams gehört zwingend auch der „Kollege AI". Das Ergebnis wird sein: Der Mensch verbessert die Maschine, und die Maschine verbessert den Menschen.

„Technologie gibt Mitarbeitern Raum für das, was sie als Menschen ausmacht: mit Emotionalität, Feinsinn und Kreativität eine Problemlösung für den Kunden auf den Weg bringen."

Gibt es dafür bei ERGO schon Beispiele?

Bei der ERGO setzen wir Chatbots so ein, dass die Maschine einen Vorschlag macht, wie sie auf den Chat antworten würde und der Mensch dann die Auswahl der richtigen Antwort trifft. Entweder gibt der Mensch der Maschine damit eine Bestätigung oder – für den Fall, dass kein Vorschlag geeignet war – schreibt der Mitarbeiter selbst eine neue, völlig andere Antwort, aus der die Maschine dann wiederum lernt, was richtig gewesen wäre. So wird die Maschine immer besser, kann den Menschen mehr entlasten und man wird immer schneller in der Beantwortung der Chats.

Nun ist ein Chat, wie hier beschrieben, natürlich nur ein Kanal. Um eine Skalierung zu erzielen, müssen wir in die hochfrequentierten Kanäle gehen, und das ist bei uns nach wie vor das Telefon. Und hier gibt es eine Conversation-Engine, in der die Fachleute aus dem Kundenservice die Dialoge designen. Wir stellen dazu die Infrastruktur bereit, um die Lösung auch über andere Kanäle wie zum Beispiel die Sprach-Assistenten Alexa, Hallo Magenta oder Google Assistant auszuspielen. Dazu bringen wir Voicebots zum Einsatz, mit denen wir 2020 live gehen.

Das Ganze folgt natürlich einem konkreten Ziel: Kundengespräche in unseren Callcentern werden in der Regel durch KPIs begleitet, und einer davon ist die durchschnittliche Gesprächsdauer. Das Problem ist, wenn das Anrufvolumen zu hoch ausfällt, bleibt Empathie schnell auf der Strecke. Sobald wir es also schaffen, eine große Anzahl von Calls automatisiert durchführen zu lassen, haben unsere Mitarbeiter viel mehr Zeit, wirklich wichtige Telefonate persönlich zu übernehmen und am Ende des Tages unterm Strich die Erwartungshaltung der Kunden zu erfüllen und bestenfalls die Kundenzufriedenheit zu steigern. Je höher also die Automatisierung, desto mehr Zeit habe ich für wichtige, komplexere Kundenanliegen. Insoweit sind hohe Automatisierung und hohe Kundenzufriedenheit kein Widerspruch.

Auf Ihrer Innovationsplattform „innosure.me" entstehen neue Versicherungsservices für Dinge, die Menschen seit Tausenden von Jahren tun ebenso wie für ganz neue gesellschaftliche Trends. Eine E-Gamer-Versicherung ebenso wie eine Hochzeitsversicherung. Wie arbeitet die Plattform?

Auf der Plattform können wir innerhalb von sechs Wochen ein neues Versicherungsprodukt bauen. Von der Idee über die Umsetzung bis in den Markt. Wenn früher ein Kollege mit einer innovativen Idee für ein Versicherungsprodukt zu uns kam, konnte es bis zu einem Jahr dauern, bevor wir mit dem Produkt erste Erfahrungen sammeln konnten. Heute lassen sich auf „innosure.me" schnell neue Lösungen entwickeln, und wir bekommen so ein sehr gutes Market Testing. Ist das Produkt erfolgreich oder sagt der Kunde: „Brauch ich nicht". Im Klartext bedeutet das: Wir fragen nicht wie früher in der Laborsituation: „Würdest du das Produkt kaufen?", sondern bekommen heute eine sehr marktnahe Antwort, ob er das Produkt wirklich kauft.

Die Hochzeitsversicherung – an so etwas hat hundert Jahre keiner gedacht – ist so ein Renner. Die E-Gamer-Versicherung eher genau das Gegenteil. Woran liegt das? Ich selbst habe damals gedacht, das Ding geht durch die Decke. Auch da setzt unsere Innovationsplattform an. Wir bauen ein Produkt, schnell und kostengünstig und bewerben es auch, allerdings erst einmal nur in kleinem Rahmen. Die Frage ist – und auch das können wir über die Plattform lernen – bewerben wir es in den richtigen Kanälen? Um dann zu sagen, das Produkt hat Potenzial, das bauen wir in unsere Maschinen ein und geben es in die Breite. Wir sind zum Beispiel der erste Anbieter einer Gartenschutzversicherung. Im Internet sucht nach so etwas aber kein Mensch. Aber in Baumärkten, Gärtnereien und Baumschulen treffe ich mögliche Interessenten. „innosure.me" lehrt uns, neben den heute reflexhaft präferierten Online-Kanälen auch Offline nach Vermarktungsmöglichkeiten zu suchen. In jedem Fall ist die Plattform ein Beispiel dafür, dass Digitalisierung signifikant die Ausgaben für Produktentwicklung senkt, weil ich früher lerne, was funktioniert und was nicht und ich sehr schnell echtes Feedback vom Kunden bekomme.

Wenn es um die Digitalisierung nach innen geht, ist der CDO für Sie durchaus so etwas wie ein Kulturbeauftragter. So müssten Führungskräfte zum Beispiel lernen, anders zu führen und Mitarbeiter müssten lernen, Verantwortung übernehmen zu wollen. Was heißt das konkret?

Ich bin der festen Überzeugung, dass der kulturelle Wandel, den digitale Transformation braucht, mit der Einführung von Agilität einhergeht. Sie setzt sofort Innova-

tionskraft frei. Aus agilen Teams, wie wir sie an verschiedenen Standorten schon in Reinform implementiert haben, kommen plötzlich Entscheidungen und dringen in die Organisation. Als Führungskraft geben sie dafür vor allem strategisch die Richtung vor, befähigen ihre Mitarbeiter, räumen Hindernisse aus dem Weg, sorgen für Ressourcen. Das heißt: Freiräume werden jedem gegeben, der sie möchte. Vom Management erfordert das eine neue Einstellung und vor allem Vertrauen: Fort mit „Command & Control"! Agilität heißt ja, dass wir direkt an der Basis Entscheidungen treffen lassen, weil wir die Kollegen dort auffordern, unternehmerischer zu denken. Das ist ein Lernprozess für alle.

Für den Verlauf der nötigen Lernkurve sind klassische Probleme also ein guter Indikator?

Ganz genau. Lösen sie das Problem im Service zum Beispiel über eine Task Force, die direkt an den Vorstand berichtet? Oder sagen sie: Ich setze ein agiles Team drauf. Meine Erfahrung ist, das agile Team ist nicht unbedingt schneller – oft jedoch auch das. Aber die Entscheidung, die dort getroffen wird, ist fundierter und zielführender für das Unternehmen.

Wo ist dann das Problem?

Am Ende muss der Vorstand die Entscheidung verantworten, aber er muss sie keinesfalls selbst treffen. Dahin zu kommen, hat auch viel mit Fehlerkultur zu tun und ist hier in Deutschland vor allem für große Unternehmen häufig noch ein Problem. Eine digitale Transformation in Unternehmen wird aber nur nachhaltig sein, wenn sie die Kultur ändern, agiles Arbeiten einführen und so ganz neue Kraft in ihrer Organisation freisetzen. Es ist immer eine Frage, wie ich es schaffe, den Mitarbeiter zu befähigen und dafür zu sorgen, dass er Digitalisierung will und feststellt, dass sie ihm und uns allen hilft. Und, um auf ein eben schon einmal genanntes Beispiel zurückzukommen, ist es natürlich ein Unterschied, ob sie einen Demand-Geber haben, der sagt: „Wir brauchen einen Roboter" oder ob sie einhundert davon haben.

Der Grundgedanke ist immer: Ich befähige die operative Ebene, das zu wollen. Denn zu guter Letzt ist der Mensch im Unternehmen die treibende Kraft, die darüber entscheidet, ob Digitalisierung klappt oder nicht. Äußerst selten ist das ein technisches Problem. Der Mensch muss sich entscheiden, sich öffnen, die Technik bei sich einzusetzen und erfolgreich zu machen. Er ist die Superkraft für die Digitalisierung. Auch und gerade im Service. Insoweit braucht es auch Menschen, damit Service zum Glücksmoment beim Kunden führt. Es braucht seine Verbindlichkeit und Kompetenz, aber in einer komplexeren Welt eben auch digitale Tools, die helfen, das Problem des Kunden sofort und allumfassend zu lösen. Digitalisierung ist für mich quasi die Toolbox, um die Herausforderungen im Service zu lösen – Erreichbarkeit, Erstlösungsquote, Kundenzufriedenheit und Servicequalität. Wenn sie diese Disziplinen zuverlässig beherrschen, dann sind sie „Service-Champion".

WEGBEREITER

1 Wie hoch ein Kunde die Messlatte in Sachen
Service hängt, entscheidet sich nicht im
eigenen Unternehmen. Es orientiert sich auch
nicht an Wettbewerbern. Die Entscheidung fällt
nahezu immer in einer völlig anderen Branche.

2 Es braucht Menschen, damit Service zum
Glücksmoment beim Kunden führt. Für
Technologie allein ist es schon eine Leistung,
Kunden zufriedenzustellen.

3 Die Digitalisierung eines Unternehmens
scheitert nahezu nie an technischen
Problemen. „Kern-Entscheider", ob sie klappt
oder nicht, ist der Mensch.

4 Um möglicherweise existierende Ängste
vor der Digitalisierung abzubauen, ist ein
erster Schritt, sie zu entmystifizieren. Denn die
Prozesskette hinter maximaler Akzeptanz ist:
Verstehen → Erfahrung sammeln → Wollen.

5 Künstliche Intelligenz in operative Systeme
einzuführen, erfordert interdisziplinäre
Teams aus Kollegen mit komplementären Skill-
Sets. Einer dieser Kollegen ist zwingend die
„AI" selbst.

6 Automatisierung und Kundenzufriedenheit sind kein Widerspruch. Im Gegenteil:
Je höher die Automatisierung, desto mehr Zeit
gewinnen Mitarbeiter für wichtige, komplexe
Kundenanliegen.

7 Digitalisierung bedeutet eine signifikante
Kostensenkung in der Produktentwicklung.

8 Wer den kulturellen Wandel treiben möchte,
der für eine digitale Transformation unabdingbar ist, braucht Agilität. Nur agiles Arbeiten
bringt PS auf die Straße und setzt sofort neue
Innovationskraft frei.

Wissen zum Mitnehmen

109

Ende der Märchenstunde

Serviceexperte Shep Hyken über die Loyalität des Kunden, die Zukunft von Service als Erlebnisraum und darüber, wie schwindelerregend es sein kann, wenn ein Mythos plötzlich wahr wird. Der des „Kunden als König".

MENSCHENVERSTEHER

Chief Amazement Officer Shepard Presentations

STRA
TEGIE

500

100

"Service"

ah!

Wenn Menschen von einem „denkwürdigen Ereignis" sprechen, meinen sie oft etwas Monumentales. Dabei können denkwürdig auch kleine Begebenheiten sein. Neulich erst hatte ich so eine: Aus dem Fenster des Schuhladens bei mir an der Ecke, in dem ich noch nie gekauft habe, sprang mir im Vorbeigehen eine Auswahl Budapester ins Auge. Die hatte ich dort noch nie gesehen. Der Verkäufer, der mir – kaum war ich eingetreten – seine Hilfe anbot, war bemerkenswert aufmerksam, spann mit mir verschiedene Optionen und fand sogar einen Weg für mich, preiswerter einzukaufen. Er nahm sich viel mehr Zeit für mich, als ich erwartet hätte – alles für den Verkauf eines Paar Schuhe. Wir wissen natürlich, warum er das getan hat: Weil er will, dass ich wiederkomme.

Tatsächlich bin ich heute noch begeistert. Bedenklich für andere – nicht nur andere Schuhhändler – ist: Wenn ich jetzt zu einem Unternehmen gehe, frage ich mich: „Warum kann diese Person nicht so freundlich, respektvoll, hilfsbereit und kenntnisreich sein wie der Schuhverkäufer, mit dem ich gerade erst zu tun hatte?" Denn das ist jetzt mein neuer Standard.

Dieses persönliche Erleben von herausragendem Service freut mich umso mehr, macht es mich doch zu einer Art Kronzeugen eines Wendepunkts in der Unternehmensbeurteilung durch Kunden: Als Firma können wir de facto mit unseren Wettbewerbern im Markt konkurrieren. Nur, dass der Kunde unseren Service längst nicht mehr nur mit dem direkter Konkurrenten vergleicht. Sondern mit dem besten Service, den er je erhalten hat. Seinem persönlichen All-Time-High.

Das Gefährliche, Unkalkulierbare für Unternehmen ist: Jemand, von dem sie noch nie gehört haben, schraubt unbemerkt die Messlatte ihres Kunden hoch. Was sie aber hoffentlich rasch bemerken, ist: Sie selbst müssen im Nu eine Schippe drauflegen. Bloß wissen sie nicht, welches Niveau meine Erwartungshaltung schon erreicht hat.

Natürlich kann ein Aha-Erlebnis im Eckladen Kunden nur peu à peu aufwachen lassen: „Ach, so herzlich, persönlich geht's also auch." Eine kleine Begebenheit, wie gesagt. Wenn aber nur ein Online-Riese für dasselbe Erlebnis sorgt, wird eine Erweckungsbewegung daraus – eine Welle von gewaltiger Wucht, in Rekordzeit, womöglich weltweit. Das ist dann monumental.

Nun ist dieser Erlebnisraum Service nicht zuletzt durch unser eigenes Konsumverhalten zu einem beträchtlichen Teil vom stationären Handel abgewandert Richtung Internet und Telefonie. Aber dort wie hier ist er ein flüchtiges, hochsensibles Gut. Heute ist mehr als die Hälfte aller Kunden bereit, einem Unternehmen den Rücken zu kehren, sobald sie eine einzige schlechte Erfahrung machen – ob im Shop, am Telefon oder im Web. Selbst einer Firma oder Marke, die sie eigentlich lieben. Das bedeutet, die Einsätze für Unternehmen sind bei jedem Kundenkontakt hoch und bedeuten natürlich finanziellen Aufwand. Nur darf man diesen Fakt nie solitär betrachten.

Denn auch ein kleiner „Juwel" ist kostbar. Und als solchen müssen wir jeden Kunden betrachten. Egal welche Enttäuschung einer von ihnen durch uns erlebt, sie wird bei uns zu Buche schlagen. Kundenbindung, Folgegeschäfte, Erträge – auf Nimmerwiedersehen. Kunden persönlich zu begeistern indes, wird und soll sich irgendwann auszahlen. Service ist schließlich kein Selbstzweck, sondern unterliegt wie jede In-

> „Der Unterschied zwischen einem zufriedenen Kunden und einem treuen Kunden besteht aber darin, dass ,zufrieden' eine Bewertung ist und ,Loyalität' eine Emotion."

vestition wirtschaftlichen Zwängen. Der Frage des ROI (Return on Invest) zum Beispiel. Das weiß auch der Kunde. Während es ihm jedoch gleich sein darf, liegt es im Interesse jedes Unternehmens, den Wert einer Kundenbeziehung zu erhalten oder gar zu steigern. Und das bedarf meiner Erfahrung nach dreier untrennbarer Komponenten, die man bespielen muss wie ein Schlaginstrument. Wie eine Triangel aus Einsatz, Umsatz, Vorsatz. Fangen wir mit Letzterem an.

Der Vorsatz

Das Motiv eines Kunden, seine gezielte Absicht, mit uns Kontakt aufzunehmen, deuten Unternehmen nicht selten falsch. Sie verwechseln Stammkunden mit treuen Kunden und verstehen ihr Treueprogramm vor allem als Marketingprogramm. Das liegt daran, dass sich Unternehmen viel zu sehr darauf konzentrieren, eine Kundenbeziehung aufzubauen, die auf Zufriedenheit beruht. Der Unterschied zwischen einem zufriedenen Kunden und einem treuen Kunden besteht aber darin, dass „zufrieden" eine Bewertung ist und „Loyalität" eine Emotion. In den meisten Servicesituationen heute resultiert die emotionale Seite daraus, dass man die Person mag, mit der man Geschäfte macht. Wenn ein Kunde sagt „Sie sind freundlich und sachkundig", bezieht er das auf einen konkreten, realen Menschen. Bei seinem nächsten Besuch oder Kontakt erwartet er dann ein vergleichbar tolles Erlebnis. Das wäre gewinnbringend für beide Seiten.

Die Aussichten darauf steigen deutlich für Unternehmen, die eine klare Loyalitätsstrategie haben. Eine, die Kundenservice und Personalisierung eng miteinander verknüpft. Der Studie „Kundenerwartungen 2020" von Gladly zufolge, einem der größten Anbieter von Enterprise Customer Service Plattformen, sind 84 % der Verbraucher bereit, mehr Geld für eine Marke auszugeben, die ihnen ein großartiges Serviceerlebnis bietet. Und tatsächlich kauften 71 % der Befragten Produkte dieser Marke während oder unmittelbar nachdem sie eine positive Erfahrung machten.

Dieses Verhalten hat nichts mit einem Vorteil oder einem Rabatt zu tun. Für mich ist es ausschließlich „das Ergebnis von Erlebnis". Im Klartext von Service und wie wohl und gut behandelt sich der Kunde durch ihn fühlt. Die Strategie, die den Umgang von Unternehmen mit ihren Kunden zu solch einer Nähe und Tiefe führt, bezeichnet Gladly-CEO Joseph Ansanelli als „radikal persönlich". Umgekehrt bedeutet das aber: Wenn ihr Kundenerlebnis oder ihr Marketing nicht auf Personalisierung ausgerichtet ist, im ersten Schritt also schon das Erkennen des Kunden vermasselt, verpassen sie eine der größten Chancen, ihre Kundenbindung zu stärken.

Der Umsatz

Über den Unterschied von Marketing- und Loyalitätsprogrammen spreche ich seit Jahren. Denn, wie bereits erwähnt, sind nicht wenige Treueprogramme, die unsere „Customer Loyalty" festigen sollen, in Wahrheit getarnte Marketingprogramme. Deren Ergebnis ist folglich nicht Loyalität, die zu wiederholten Käufen führt. Es ist vielmehr ein Kaufanreiz – wie ihn Restaurants mit Stempel oder Lochkarten schaffen und verfolgen. Wenn die Prämie jedoch verspricht: „Kauf neun Sandwiches und bekomme das zehnte gratis dazu", ist das bestenfalls nett, aber nicht nachhaltig.

Ein anderes Beispiel: Airlines, die ihren Vielfliegern Meilen und Vergünstigungen anbieten. Würden sie diese einkassieren, bliebe ihr Passagier dann noch „loyal"? – Wohl kaum. Doch wenn ihm die Fluggesellschaft auf andere Weise das Gefühl gäbe, etwas Besonderes zu sein, müsste seine Loyalität nicht auf monetären Anreizen aufbauen.

So etwas Besonderes, obwohl naheliegend banal, können schon persönliche Geburtstags-E-Mails sein, mit vielversprechenden Mystery-Angeboten zum Beispiel. Solche digitalen Gesten der Aufmerksamkeit generieren über ein (Lebens-)Jahr gesehen 481 Prozent höhere Transaktionsraten und 342 Prozent mehr Umsatz als reguläre Werbe-E-Mails.

Denn wenn wir als Kunden ehrlich sind, schätzen wir doch eine persönliche, individuelle Ansprache und honorieren sie nur zu gern. Trotz aller Digitalisierung hat sich in so manchem Punkt an unseren Erwartungen und unserem Verhalten nämlich seit Jahrzehnten nichts geändert. Erinnern Sie sich an die TV-Serie „Cheers", die in den 80er- und 90er-Jahren u. a. in den USA und Deutschland lief? Die gleichnamige Bar besuchten Kunden nicht wegen ihrer günstigen Preise oder eines „Dein elfter Drink geht aufs Haus"-Deals. Sie gingen dorthin, weil es die Bar in Boston war, „wo jeder Mitarbeiter Ihren Namen kennt".

Diese Art Aufmerksamkeit des persönlichen empathischen Umgangs, unternehmerisch gesehen ein Asset, hat bis heute nichts an Bedeutung verloren. Die 2017 veröffentlichte, über legendäre 75 Jahre angelegte Glücksstudie der Harvard University besagt, dass es tiefe soziale Beziehungen sind, die uns Menschen am glücklichsten machen.

In diesem Sinne sind die Mitarbeiter mit Kundenkontakt das Gesicht jedes Unternehmens und seiner Marken. Wie in meinem Schuhgeschäft heute noch, ist es dort der Verkäufer. Je größer das Unternehmen, zumal wenn ich mit ihm im Internet zu tun habe, sind es die Kundenberater. Bei ihnen gilt es, ein neues Denken auszulösen. Von der bloßen Reaktion auf die Wünsche, Probleme und Fragen eines Kunden hin zu einer neuen Sicht, die sie darin bestärkt, mutiger und engagierter zu sein, eigene Vorschläge zu machen und gegebenenfalls sogar Cross-Selling zu betreiben. Das heißt mitunter, dicke Bretter zu bohren. Nicht nur in Großunternehmen, deren Anzahl an Kundenbetreuern in die Tausende geht.

Vielfach kann es nötig sein, das eigene Unternehmen entsprechend neu zu organisieren – nach Kundenbedürfnissen statt nach funktionalen Teams und Prozessen. Das mag als Mammutaufgabe erscheinen, befreit die Serviceverantwortlichen aber von unproduktiver interner Politik und dem Ringen um Budget, Personal und Kompetenzen. Beides Anstrengungen, die Kunden selten zugutekommen. Die wollen vorrangig wissen, dass „ihr" Unternehmen im Zweifel bereit ist, eine Verkaufschance hintenanzustellen und auch größere Schritte unternimmt, um ihnen entgegenzukom-

MENSCHENVERSTEHER

men. Hat es sichtlich mehr Interesse daran, sich um seine Kunden zu kümmern, als einen kurzfristigen Gewinn zu erzielen, ist das praktisch der Ritterschlag. Und der zahlt sich aus.

So ist messbar, wie Unternehmen sofort profitieren, die sich diesem Verständnis von Customer Experience (CX) verschreiben: höhere Markenbekanntheit, Kundenbindung und Kundenzufriedenheitsrate. Hinzu kommen eine höhere Kaufbereitschaft der Kunden, überdurchschnittliche Auftragswerte sowie ein Plus an Rentabilität der Investitionen. Ohne die allerdings, wäre die schöne Rechnung ohne den Wirt gemacht.

Einsatz I

Wünschen sich Unternehmen servicebegeisterte Kunden, müssen sie ihre Mitarbeiter mit Werkzeugen ausstatten, mit denen sie Kunden ein besseres Erlebnis bereiten können. Mit Softwareprodukten zum Beispiel, die Agenten befähigen, ihre Kunden zu „erkennen" – so wie Sam, der Barkeeper aus „Cheers". Oder die Barrista in ihrem Lieblingscafé, die mit ihrer Bestellung beginnt, sobald sie durch die Tür gehen – und nicht erst, wenn sie endlich vorn in der Schlange stehen.

„Schlange stehen" ist ein gutes Stichwort. In weniger als zehn Jahren werden wir das, was die meisten Unternehmen zur Zeit für guten Kundenservice halten, als „furchtbar" erinnern. Dass Unternehmen Kunden heute oft noch diktieren: „Hier sind die Wege, uns zu erreichen", wird eine Anekdote im zukünftigen „Es war einmal ..."

Sehr bald schon wird allein der Kunde die Bedingungen stellen: „So will ich dich erreichen." Und darauf werden sich Unternehmen einlassen müssen. Ohne Wenn und Aber. Anderenfalls erreichen sie mit ihrem Geschäftsmodell den Kunden nicht mehr. Um die Wahrheit zu sagen, war es doch lange Zeit eher so: „König Kunde" war eine Story, die Unternehmen den Menschen allzu gern erzählt haben. Und wir als Kunden haben sie mehr oder weniger geglaubt. Doch diese Märchenstunde nähert sich dem Ende – denken Sie an den „Kronzeugen". In Zukunft ist der Kunde wirklich König. Und seine Ansprüche werden manch ein Unternehmen schwindeln lassen. Deren Kontaktpunkte für Kunden sind nur ein Beispiel dafür. In der Umfrage von Gladly erklärten

„In weniger als zehn Jahren werden wir das, was die meisten Unternehmen zur Zeit für guten Kundenservice halten, als ‚furchtbar' erinnern. Dass Unternehmen Kunden heute oft noch diktieren: ‚Hier sind die Wege, uns zu erreichen', wird eine Anekdote im zukünftigen ‚Es war einmal ...' "

> „Jeder Mitarbeiter, der sich um den Kunden wirklich kümmern will, wird eine bessere Arbeit leisten als der Mitarbeiter, der sie nur lcistcn soll. Dass Servicepersonal diesen Unterschied versteht, ist eine Aufgabe der Führungskräfte."

schon 48 Prozent der Befragten aus der Generation Z: Das Wichtigste, was ein Unternehmen über sie wissen sollte, sei ihr bevorzugter Kommunikationskanal. Doch längst bewegen sich Kunden generationsübergreifend zwischen den Kanälen. Vielleicht finden sie erste Informationen zu einem Produkt oder Angebot über Google auf dem Mobiltelefon, recherchieren dann weiter auf einem Laptop, bevor sie dann zum Telefon greifen, um einer Firma eine Frage zu stellen. Voraussetzung für ein spürbar zeitgemäßes Serviceerlebnis ist, solche separaten Interaktionen zu einem aktuellen Gesprächsstand zu verknüpfen. Denn, wenn wir uns noch einmal an „nur eine schlechte Erfahrung" erinnern – heutzutage erwarten die Kunden, dass Unternehmen immer „da sind", „über alles Bescheid wissen" und quasi auf sie warten. Mit anderen Worten: Dass sie ihnen innerhalb von Sekunden antworten – nicht in Minuten, Stunden oder Tagen. Vorausgesetzt das klappt, muss jeder Support-Mitarbeiter in der Lage sein, den Kunden wie einen guten Bekannten behandeln zu können und nicht wie einen brandneuen Fall. Und muss ein Kunde doch einmal zu einem anderen Kollegen weitergeleitet werden, sollte er nicht von vorne anfangen müssen.

Ich selbst zum Beispiel hatte kürzlich ein Problem mit meinem Computer. Ich rief die Support-Nummer an und sprach mit Eric. Am nächsten Tag rief ich zurück und sprach mit Russ. Ich war beeindruckt, als Russ fragte: „Rufen Sie wegen desselben Problems wie gestern an?" Exakt so war es, und wir konnten genau dort weitermachen, wo ich am Vortag aufgehört hatte. Nur weil sich das Unternehmen, wenn man so will: Weil sich Russ an mich „erinnerte", mit dem ich noch nie im Leben gesprochen hatte. Das nenne ich Service! Das macht Service aus, wenn er radikal persönlich ist und Kunden gibt, was sie wollen, wann sie es wollen und wie sie es wollen.

Es gibt diesen Aphorismus des Schriftstellers Erhard Blanck, der das Selbstverständnis heutiger Kunden sehr gut beschreibt: „Wer mich kennt, der liebt mich". Ein simpler Gedanke, der Unternehmen aber durchaus mahnt: Kundenservice nicht als eine Abteilung und Kundenerfahrung nicht als eine Marketingstrategie zu sehen, sondern als eine Philosophie zu betrachten. Eine, die im Idealfall von allen Mitarbeitern verinnerlicht wird.

Einsatz II

Unternehmen beginnen zu erkennen, dass es viel teurer ist, neue Kunden zu gewinnen, als bestehende Kundenbeziehungen immer wieder mit Leben zu füllen und zu erhalten. Ziel ist es, von einer Transaktion à la „Anfang bis Ende, der nächste bitte" zu einer regelmäßig wiederkehrenden Interaktion zu kommen, die bestenfalls zu einer lebenslangen Bindung führt.

MENSCHENVERSTEHER

Wir leben im Zeitalter von Amazon – für viele von uns eine ikonische Marke, die die Messlatte in Punkto Geschwindigkeit, geringe Reibung und Bequemlichkeit sehr hochgelegt hat. Da muss jedes Unternehmen Wege finden, sich abzuheben und im Wettbewerb zu bestehen. Zum Beispiel durch den Aufbau einer persönlichen Beziehung, die beim Kunden zu großartigen, emotionalen Serviceerlebnissen führt. Das ist für Joseph Ansanelli „genau das, was eine geliebte Marke von anderen abhebt". Sie inspiriert und generiert loyale Fürsprecher, die mit „ihrer Marke" durch dick und dünn gehen. Darum geht es bei der radikal persönlichen Kundenbetreuung.

Ein derart prägendes Erlebnis ist der Schlüssel zur Umsatzsteigerung und zur Gewinnung regelrechter Markenbotschafter, die ein Unternehmen gern an Freunde und Familie weiterempfehlen. Laut einer von American Express durchgeführten Studie macht es Kunden, die diese positive Erfahrung in Unternehmen machen, auch nichts aus, dort für ein Produkt bis zu 17 % mehr auszugeben, als bei Firmen, die ihnen großartige Kundendienst-Erfahrungen nicht bieten. Ist das wahre Kundenliebe? – Ich würde sagen: ja!

Einsatz III

Doch auch wer sich durchgängig herausragendem Service verschreibt, ihn quasi als Passion betreibt, sollte realistisch bleiben: So etwas wie Perfektion gibt es nicht. Aber es ist das Streben nach Perfektion, das Spitzenleistungen hervorbringt. Eine Etappe auf dem Weg dorthin, die dem Ziel aber nahekommt, ist Exzellenz.

Meine Überzeugung ist, Exzellenz entsteht aus Respekt. Und Respekt, das Herzstück jeglichen Kundendienstes, muss vorgelebt werden. Es fällt für mich unter internen Service, dass Führungskräfte Mitarbeitern mit dem gleichen Respekt und der gleichen Einstellung gegenübertreten, wie sie ihre Kunden behandelt wissen möchten. Denn wie sollen wir erwarten, dass unser Kunde Exzellenz erfährt, wenn wir nicht zuerst intern Exzellenz schaffen?

Die Antwort ist einfach. Wollen Unternehmen mit verblüffendem Service Furore machen, ist das auch eine Frage ihres digitalen Fortschritts. Vor allem aber auch eine ihrer Mitarbeiter, die ständig auffallend besser sein sollen als der Durchschnitt. Es bleiben Menschen, die das neue Denken ihrer Arbeitgeber in die tägliche Praxis umsetzen. Diese Konstanz erfordert Konzentration und ständige Aufmerksamkeit für unzählige Details. Aber von den Serviceverantwortlichen ebenso glaubhaft, authentisch und überzeugend, wie sie es sich vorn an der „Frontline" für ihre Kunden wünschen.

Dort wird jeder Mitarbeiter, der sich um den Kunden wirklich kümmern will, eine bessere Arbeit leisten als der Mitarbeiter, der sie nur leisten soll. Dass Servicepersonal diesen Unterschied versteht, ist eine Aufgabe der Führungskräfte. Sie sind nicht nur für die Ausstattung, die Freiräume am Point-of-Touch mit dem Kunden verantwortlich; sie müssen sich zwingend auch als Vorbild sehen.

Können Mitarbeiter darauf vertrauen und umgekehrt Manager darauf, dass ihre Serviceteams die Arbeit gut machen und sich auf die wichtigen Dinge konzentrieren, werden diese Mitarbeiter oft neue und innovativere Wege finden, um ihre Kunden glücklich zu machen. Oder gar zu begeistern. Eine Wechselwirkung von Vertrauen, die sich im Kundenerlebnis wie im Ergebnis dauerhaft auszahlt.

Ein DACH für eine grenzüber Region

WEGBEREITER

Georg Mack ist Präsident und Gründungs-
mitglied des österreichischen Callcenterforum.
at. Als Servicecenter-Berater ist er in der
DACH-Region zuhause. Trotz einiger Unterschiede zwischen den drei Ländern, sieht er
auch viele Gemeinsamkeiten. Große Service-
trends wie Mensch-Maschine-Interaktion,
Omnichannel und Künstliche Intelligenz etwa,
machen an den Landesgrenzen nicht halt.

schreitende

Fläche: 357.582 km²
Einwohnerzahl: 83 Millionen
Durchschnittsalter: 45,7 Jahre
Landessprache: Deutsch
Landesvorwahl: +49
Internet-Endung: .de

D

Fläche: 83.879 km²
Einwohnerzahl: 8,8 Millionen
Durchschnittsalter: 43,5 Jahre
Landessprache: Deutsch
Landesvorwahl: +43
Internet-Endung: .at

A

Fläche: 41.285 km²
Einwohnerzahl: 8,5 Millionen
Durchschnittsalter: 42,5 Jahre
Landessprachen: Deutsch,
Französisch, Italienisch,
Rätoromanisch
Landesvorwahl: +41
Internet-Endung: .ch

CH

Auch wenn die drei Länder der DACH-Region einiges unterscheidet, so eint sie doch mindestens genauso viel. Darum liegt es nahe, die vorhandenen Synergien zu nutzen und an einem Strang zu ziehen. In Deutschland, Österreich und der Schweiz sind insgesamt rund 750.000 Menschen in der Customer-Care-Branche tätig. Identische Herausforderungen, ähnliche Themenstellungen, gleichartige Marktbedingungen, verwandte Branchenentwicklungen, oftmals sogar übereinstimmende Ansprechpartner sowie viele weitere Charakteristika verbinden diese Region. Die erwirtschaftete Wertschöpfung der DACH-Region beträgt 32.000.000.000 Euro im Jahr.

Ganz gleich, ob in Deutschland, Österreich oder der Schweiz, der Kundenservice gewinnt in Zeiten der Digitalisierung in der gesamten Region an Bedeutung. Für die Kaufentscheidung der Konsumenten ist er inzwischen ebenso wichtig wie die Produktqualität und der Preis. Und, weil der nächste Anbieter nur einen Mausklick entfernt ist, ist es für die Unternehmen umso wichtiger, ihre Kunden mit einem begeisternden Service vom Bleiben zu überzeugen. Kein Wunder also, dass auch die großen Serviceentwicklungen grenzüberschreitend gelten. Hier die aus meiner Sicht drei wichtigsten Trends:

WEGBEREITER

Trend 1: Mensch & Maschine

Digitalisierung ist das Schlagwort des letzten Jahrzehnts – das ist uns allen klar. Das Smartphone hat zum Beispiel gerade einmal zehn Jahre gebraucht, um von der Hälfte der Weltbevölkerung genutzt zu werden und ist heutzutage nicht mehr aus unserem Leben wegzudenken. Am 9. Januar 2007 präsentierte Steve Jobs das iPhone mit den Worten „We call it iPhone" und läutete damit ein neues (Digital-) Zeitalter ein. Oder anders gesagt: „The world's most valuable resource is no longer oil, but data." (The Economist)

Damit stehen wir vor der größten Marktmachtverschiebung aller Zeiten. Immer, wenn sich etwas Neues entwickelt, tun wir uns jedoch schwer, uns anzupassen. Die Menschen haben sich nicht groß verändert. Sie machen das, was sie schon immer gemacht haben. Die Schwierigkeit liegt nicht darin, neue Ideen zu entwickeln, sondern darin, die alten loszuwerden.

Technologie befähigt Menschen

Heute werden Daten auf Basis dessen, was wir an Informationen hinterlassen, gesammelt und zusammengefügt. Es gibt keinen Unterschied mehr zwischen on- und offline. Wir schauen nicht aus dem Fenster, sondern auf unser Smartphone, wenn wir wissen möchten, wie das Wetter ist. Wir können dadurch bessere Entscheidungen treffen. Wenn ich den „Zustand" von Menschen kenne, dann weiß ich, was sie bewegt. Daher sage ich: Den Datenmissbrauch müssen wir verhindern, aber nicht den Datengebrauch.

Es geht letztlich immer um den Menschen. Die Technologie ist nur ein unerlässlicher Befähiger! Sehen wir uns ein Beispiel an: Durch die Self-Service-Terminals in Supermärkten hat die Kassiererin/der Kassierer jetzt mehr Zeit, sich um Kunden zu kümmern, die es nicht so eilig haben, empathisch zu sein, zu lächeln und sich für den Kunden zu interessieren. Das ist dann für den Kunden eine echte, wertvolle „Experience". Zuhören, da sein, wenn es relevant ist.

Empathie verbindet

Es kommt also darauf an, die Marktkenntnis systematisch anzunehmen und mit der Empathie des Menschen zu vereinen. Themen wie Künstliche Intelligenz, Automatisierung und Digitalisierung beschäftigen derzeit den Kundenservice in der gesamten DACH-Region. Letztlich müssen wir als Menschen uns genauso flexibel in Echtzeit mit dem beschäftigen, was dem Einzelnen gefällt. Service ist hierbei der Schlüsselfaktor und muss auch als solcher erkannt werden. Und zwar dort, wo es Sinn macht, die Maschine mit dem Menschen zu verbinden – mit viel Empathie. Und das muss dann auch so gelebt werden. Service muss tatsächlich gewollt sein.

Und der wird immer einfacher, immer individualisierter. Ein weiteres Beispiel: Amazon GO. Man hat eine App, geht in den Store, nimmt sich etwas, geht raus und es ist automatisch durch das Amazon-Konto bezahlt. Amazon hat jetzt ein Patent dafür angemeldet, dass man als Kunde in Zukunft sogar per Hand-Scan, völlig kontaktlos bezahlen kann. Damit muss man nicht einmal mehr sein Smartphone zu Hand nehmen. Das ist maximale Einfachheit und ein völlig neues Serviceerlebnis!

Austausch und Agilität brauchen Raum

Darum bin ich überzeugt: Alles, was wir automatisieren können, wird automatisiert werden. Es wird passieren! Was übrigbleibt, ist das, was wir nicht automatisieren können. Das ist es, was den Menschen am Ende zum Menschen macht.

Austausch und Agilität brauchen Raum. Es geht im Service darum, Wohlfühlwelten zu schaffen und dabei den Menschen in den Mittelpunkt zu stellen, die Arbeits- und Serviceprozesse perfekt aufeinander abzustimmen. Wir wissen noch nicht, wohin die Reise gehen wird, aber ich weiß, was wichtig ist: Die technischen Hilfsmittel werden zunehmen, aber wir Menschen machen den Unterschied. Zufriedenheit reicht nicht aus. Unsere Kunden erwarten heute Begeisterung. Und man ist nicht begeistert, wenn man mit dem Flugzeug landet – dass die Technik funktioniert, erwartet man. Man ist erst dann begeistert, wenn der menschliche Service an Bord ein ganz besonderer war.

> **MEHR ALS BUSINESS**
> Ich bin jetzt seit mehr als 21 Jahren in der DACH-Region als Managementberater tätig – und ich finde sie großartig. Wir machen in Deutschland, Österreich und der Schweiz gemeinsam Geschäfte, tauschen uns regelmäßig aus und lernen voneinander. Jedes Land hat seine ganz eigene Kultur – und das ist gut so. Das soll sich auch nicht ändern, das macht doch erst den Reiz aus und ist eine echte Bereicherung. Noch wichtiger als das grenzüberschreitende Business ist für mich die Tatsache, dass sich in den zwei Jahrzehnten in der DACH-Region echte Freundschaften und viel gegenseitiges Vertrauen entwickelt haben. Beides möchte ich nicht mehr missen.

Trend 2: Omnichannel

Ein zweiter großer Trend in der DACH-Region ist der Omnichannel. Damit bezeichnet man die freie Kanalwahl des Kunden auf seiner „Customer Journey". Vorbei sind die Zeiten, in denen man ein Unternehmen nur über Telefon oder Fax erreichen konnte. Jeder Kunde möchte individuell behandelt werden und dazu gehört für 45 % die Möglichkeit, mit dem Unternehmen in Kontakt treten zu können, wie man möchte. (Skopos Kundenbarometer) Das ist wichtiger, als die persönliche Anrede oder dass der Berater die Kundenhistorie kennt. Smartphones, mit all ihren Möglichkeiten und der ständigen Verfügbarkeit, pushen dieses Phänomen zusätzlich. Ob E-Mail, Videotelefonie oder Social Media, kein Unternehmen kann es sich heute noch leisten, einen Kanal nicht zu bespielen und dadurch potenzielle Kunden zu verlieren.

73 % der Bevölkerung hatten im Jahr 2019 in der einen oder anderen Form Kontakt zu einem Kundenservice, Männer tendenziell mehr als Frauen, und je jünger die Kunden, desto eher wird Kundenservice in Anspruch genommen. Bei den 18- bis 24-Jährigen sind es 87 %, während nur 57 % der 64- bis 69-Jährigen auf entsprechende Services zurückgreifen. Auch mit dem verfügbaren Einkommen steigt die Nutzung des Kundenservice: Während sie bei Personen mit einem Nettoeinkommen von unter 1.000 Euro pro Monat nur 69 % beträgt, sind es bei denen, die über 5.000 Euro verdienen, 85 %. Keine Unterschiede bei der Inanspruchnahme gibt es hingegen zwischen der städtischen und ländlichen Bevölkerung (ebd.).

Unterschiedliche Kanäle, unterschiedliche Reaktionszeiten

Wie schnell muss die Antwort kommen? Das unterscheidet sich je nach gewähltem Kanal: Während bei telefonischer Kontaktaufnahme sowie Chat die meisten Kunden Wartezeiten von nur 2 und 4 Minuten akzeptieren, sollte für 74 % in unter 24 Stunden auf eine E-Mail reagiert werden. Bei Social Media wollen zwei Drittel eine Antwort innerhalb einer Stunde. Bei Click-to-Call gehen die Meinungen auseinander, die Antworten rangieren hier von 5 Minuten bis zu einer Stunde, wobei es fast 20 % egal ist, sofern ein verabredeter Zeitraum eingehalten wird (ebd.).

Immer mehr Unternehmen erkennen die Wichtigkeit, möglichst viele Kanäle anzubieten. 2019 wurden mehr als 100 DACH-Experten mit Contact-Center-Hintergrund befragt, wo sie Verbesserungspotenzial bei sich sehen. Die häufigste Antwort war – noch vor Prozessautomatisierung und Qualitätsmanagement – mit 54 % die Zusammenfassung aller Kontaktkanäle zur Omnichannel-Lösung. (Trend-Studie Contact Center)

Am Omnichannel führt kein Weg vorbei

Kleine Unternehmen mit ihrer schlanken IT und einigen wenigen Tools tun sich naturgemäß leichter, ihre Oberflächen aufeinander abzustimmen, verwenden eher ein einheitliches Corporate Design und sind, mit 31 %, leicht überdurchschnittlich in Social Media und Messaging vorgedrungen. Größere Firmen hingegen haben eher die Mittel, in System-Integrationen zu investieren. Bei Contact Centern über 500 Agents sind die Kontaktsysteme bei 75 % der Anbieter integriert. Mittlere Unternehmen (150–300 Agents) liegen hierbei in der Mitte. Sie haben mehr Tools eingeführt und können die einheitliche Datenhaltung noch gut (60 %) gewährleisten, sind aber das Schlusslicht bei einheitlicher Kundenhistorie (16 %) und Systemintegration (10%) (ebd.).

„Alles, was wir automatisieren können, wird automatisiert werden. Es wird passieren! Was übrigbleibt, ist das, was wir nicht automatisieren können. Das ist es, was den Menschen am Ende zum Menschen macht."

Zusammenfassend lässt sich festhalten, dass es bei der Implementierung einer Omnichannel-Lösung zwar guter Planung und einiger Ressourcen bedarf, diese werden jedoch vom Mehrwert einer solchen Lösung deutlich aufgewogen. Darum wird in Zukunft kein Unternehmen, das sich seinen Kunden gegenüber zugänglich zeigen möchte, um den Omnichannel herumkommen.

WEGBEREITER

GUT ZU WISSEN
Meine langjährige Erfahrung in der DACH-Region zeigt, in jedem Klischee steckt auch immer ein Fünkchen Wahrheit. Wer mit Kunden aus den drei Ländern zu tun hat, möchte daher für deren Eigenarten sensibilisiert sein: So wird dem Deutschen zugeschrieben, stets gut organisiert zu sein, gerne auf Anweisungen und Regeln zu setzen, für alles Pläne zu schmieden, immer alles besser zu wissen als sein Gegenüber und einen äußerst schwerfälligen Humor zu haben. Der Österreicher hingegen soll stets gut gelaunt sein, seine Gelassenheit zelebrieren, Anweisungen verweigern, gesellige Zusammenkünfte in Cafés und Heurigenlokalen lieben, für alles einen Spruch auf Lager haben, flexibel und ideenreich sein – und wenn Dinge nicht ganz fertig oder ausgegoren sind, dann „passt das schon". Dem Schweizer sagt man nach, dass er vor allem recht still und zurückhaltend sei, abwartend, was sein Gegenüber sagt. Er überlegt gern ausgiebig und tut sich eher schwer, konkrete Entscheidungen zu fällen.

„KI hat das Potenzial, Customer Experience neu zu definieren."
— Gartner Predictions 2018

Künstliche Intelligenz (KI) liegt nicht nur im Kundenservice voll im Trend. Die EU-Kommission hat im Februar 2020 ihre Strategie für ein digitales Europa vorgestellt und möchte 20 Milliarden Euro pro Jahr in das Programm investieren, wobei KI einer der wichtigsten Bereiche sein wird. Europa möchte Vorreiter für Künstliche Intelligenz sein, doch wie sieht es mit der DACH-Region aus?

KI bietet hier ungeahnte Möglichkeiten, wie zum Beispiel kürzere Wartezeiten bei Anfragen und eine spürbare Entlastung der Mitarbeiter. Trotzdem ist sie aber erst bei 6 % der Contact Center erfolgreich im Einsatz. 5 % haben den Versuch bereits wieder aufgegeben, 26 % haben keine Pläne, KI in ihr Unternehmen zu integrieren. Fast ein Drittel hat mit KI also nichts am Hut, während gleichzeitig 69 % der deutschen Bundesbürger der Meinung sind, KI sei entscheidend, damit deutsche Unternehmen Erfolg haben. Ein harter Widerspruch! (Trend-Studie Contact Center)

Hohe Erwartungshaltung an KI

Die Erwartungshaltung an entsprechende Systeme ist hoch. Marketingkampagnen versprechen selbstlernende Systeme, die bessere Antworten schneller geben, als ein Mensch dazu in der Lage wäre, doch in der Realität bedeutet die Einführung von KI und VCAs (Virtual Customer Assistants) vor allem eines: eine Menge Arbeit. Künstliche Intelligenz muss genauso eingearbeitet werden wie ein neuer Mitarbeiter und die Voraussetzungen dafür erfüllt nicht jeder. Machine Learning braucht Daten, im Falle des Kundenservice Daten über Interaktionen mit Kunden. Aktuell werden in der DACH-Region mehr als 50 % der Kundeninteraktionen nicht oder nur teilweise elektronisch erfasst und dokumentiert. Hier gibt es also Nachholbedarf. (callcenterforum.at)

Mehrwert von Künstlicher Intelligenz

Künstliche Intelligenz ist die Grundlage der Digitalisierung und Automatisierung aller Bereiche, die dafür infrage kommen. Ein qualitativ hochwertiger Selfservice zum Beispiel ist ohne sie kaum möglich – eine Servicekomponente, die zwar von fast der Hälfte aller Kunden nicht als solche wahrgenommen wird, für ein Drittel (50 % bei Millennials) jedoch Teil des Markenversprechens, ja, eigentlich selbstverständlich ist. Somit kann KI für positivere Markenwahrnehmung genutzt werden. (ebd.)

Künstliche Intelligenz hilft auch mit Advanced oder Predictive Analytics, also der automatischen oder semi-automatischen Auswertung von Daten, um Prognosen für die Zukunft, zum Beispiel über das Verhalten eines Kunden, zu treffen. Sicher haben Sie schon einmal eine Anzeige im Internet gesehen, die so genau zu Ihren aktuellen Wünschen passte, dass Sie davon überzeugt waren, abgehört zu werden!? Wurden Sie aber nicht, das ist Predictive Analytics. Die KI hat anhand ihrer Daten „prophezeit", was Sie wollen, bevor Sie es selbst wussten.

Maschinelles Lernen geht weiter

Maschinelles Lernen geht noch einen Schritt weiter. Muss man für Predictive Analytics noch Modelle erstellen und Fehler bereinigen, so muss man sie beim Machine Learning nur noch aufzeigen. Der Algorithmus hinter dieser KI-Technologie lernt dann aus diesen Fehlern und wird für zukünftige Anwendungen effizienter. Stark vereinfacht gesagt, füttert man die Maschine mit Daten – je mehr, desto besser. Diese zieht ihre eigenen Schlüsse daraus und adaptiert sie, sobald ein neues Datenset hinzugefügt wird. Man muss sie also nicht entsprechend „nachprogrammieren".

Ein Beispiel aus der Medizin: Mammografien etwa müssen von zwei Ärzten geprüft werden – das ist vorgeschrieben, aber sehr arbeitsintensiv. Google Health hat daher einen Algorithmus geschrieben, um die Ärzte dabei zu unterstützen. Zuerst performte die KI um ein paar Prozent schlechter als die Ärzte. Nachdem ihr aber ein neues Datenset zur Verfügung gestellt wurde, senkte sie die „false negative"-Quote selbstständig um ganze 12 %! (Time Magazine)

KI macht Agents produktiver

Künstliche Intelligenz kann Callcenter-Agents produktiver machen, indem sie ihnen proaktiv zuarbeitet. Sie kann eingehende Nachrichten zusammenfassen, relevante Kundendaten aufrufen und Vorschläge für passende Antworten geben. Nur so sind Agents in der Lage, fünf oder mehr Live-Chats gleichzeitig zu betreuen – übrigens ein Kontaktkanal mit noch ungeahntem Potenzial.

Auch werden die Berater mithilfe von KI für komplexere oder heiklere Customer Cases freigespielt. Was automatisiert werden sollte, ist all das, was den Agent dazu befähigt, sich auf das zu konzentrieren, was essenziell für den Unternehmenserfolg ist: ein exzellenter und persönlicher Customer Service. Und da sind wir auf einem guten Weg: Es gibt bereits heute Assistenzsysteme, die zum Beispiel 10.000 Wörter pro Sekunde „lesen" und dem Agent dann einen Vorschlag machen, was er dem Kunden als Antwort auf sein Anliegen schreiben kann – und das in mehr als 60 Sprachen.

Fazit Trotz aller – auch bereichernder – Unterschiede, eint Deutschland, Österreich und die Schweiz die Tatsache, dass ein begeisterndes Kundenerlebnis in allen drei Ländern für den Unternehmenserfolg immer wichtiger wird. Dabei setzt die Servicebranche grenzübergreifend auf Trends wie Mensch-Maschine-Interaktion, den Aufbau von Omnichannels sowie den Einsatz Künstlicher Intelligenz. Erst die automatisierte Auswertung von Daten und die Unterstützung durch digitale Tools ermöglichen es dem Menschen, einen persönlichen und empathischen Service zu bieten, der die Kunden begeistert.

Dazu gehört auch, den Kunden dort abzuholen, wo er mit einem Unternehmen in Kontakt treten möchte – Stichwort „Omnichannel". Gleichzeitig steigen durch neue digitale Kanäle auch die Anforderungen an alle Serviceteams in der DACH-Region. Schnelle, vernetzte Reaktionen werden von den Kunden erwartet und entscheiden über Erfolg oder Misserfolg. Trotz aller Herausforderungen zahlen sich kanalübergreifende Strategien am Ende des Tages aber aus, wenn sie richtig aufgesetzt werden.

Gleiches gilt für den Einsatz von Künstlicher Intelligenz: Sie kann menschliche Kundenberater deutlich produktiver machen, indem sie ihnen proaktiv zuarbeitet. Außerdem spielt KI die Berater frei für komplexere oder heiklere Kundenanliegen. Dazu sollte all das automatisiert werden, was den Berater befähigt, sich auf einen herausragenden, persönlichen Kundenservice zu konzentrieren – aber auch wirklich nur das. Denn nur die Menschen im Service können am Ende des Tages für begeisternde Erlebnisse und wahre Glücksmomente sorgen.

WEGBEREITER

Wissen zum Mitnehmen

1 Vorbild sein. Die Leader im Unternehmen müssen immer wieder überkommunizieren und den Wandel authentisch vorleben. Neue Denkweisen kann man nicht verordnen!

2 Erfolgreiche Teams. Geben Sie Ihren Mitarbeitern Freiräume. Übergeben Sie Verantwortung. Mitarbeiter müssen das Gefühl haben, dass es Sinn macht, was sie tun!

3 Mensch & Kultur. Man kann Mitarbeitern das Lächeln nicht beibringen. Sie müssen lächeln, bevor sie eingestellt werden.

4 Generation Z. Junge Menschen wollen die beste Customer Experience in einer friktionsfreien Umgebung. Dafür braucht es Erlebniswelten, permanent positive Emotionen, eine perfekte hybride Journey. Sorgen Sie für Klarheit durch Kommunikation und Klarheit in der Aufteilung der Teams.

5 Don't make me ask for it! Wir gewöhnen uns daran, nicht mehr fragen zu müssen. Wir wollen, dass alles voraussagbar ist, was kommen könnte. Wir wollen, dass Unternehmen sofort wissen, welche Fragen wir haben könnten. Die Antwort muss schon da sein, bevor die Frage gestellt wurde.

6 Austausch und Agilität brauchen Raum. Es geht darum, Wohlfühlwelten zu schaffen und dabei den Menschen immer in den Mittelpunkt zu stellen, die Arbeits- und Serviceprozesse perfekt aufeinander abzustimmen. Im Mittelpunkt steht dabei der Mensch mit seinen Sinneswahrnehmungen!

7 Hoffnung ist keine Strategie! Vereinfachen Sie das Leben Ihrer Kunden. Zufriedenheit reicht dabei nicht aus. Hören Sie zu! Seien Sie da, wenn es relevant ist. Geben Sie Ihren Kunden die Experience, die sie erwarten.

Sven Göth

AUF EINEN CHAT MIT SVEN_

CEO Digital Comepetence Lab

Digitalisierung hat die Serviceansprüche der Kunden nachhaltig verändert. Schnelle Antworten 24/7, am besten in Echtzeit, immer unkompliziert und „Rund-um-Sorglos" bitte auch am Wochenende. „Liquid Expectations" haben's weit gebracht. Wohin welche Veränderungen und unsere stets steigenden Erwartungen und Bedürfnisse als nächstes führen werden, haben wir Business Futurist Sven Göth im Chat gefragt.

Sven, was verstehen Kunden unter begeisterndem Service und wie sieht das in zehn Jahren aus?

In den kommenden zehn Jahren werden die vier größten Treiber in der Informationstechnologie ein gemeinsames Potenzial entfalten. Big Data trifft auf IOT, 5G und Künstliche Intelligenz – und jede dieser Entwicklungskurven verläuft exponentiell. Sprich, die schon heute individuelle Kundenansprache wird um den Faktor „situativ" erweitert werden. Soll heißen, dass Kunden automatisch die im jeweiligen Moment benötigten Produkte und Dienstleistungen angeboten bekommen. Dann ist auch der Schritt der „Vorhersage" von Bedürfnissen nicht mehr weit. Bereits heute werden Warenströme und Lieferketten prognostiziert. Diese Thematik wird sich auch verstärkt auf den Endkunden ausweiten.

Kundenansprache in Echtzeit bzw. vorausschauend klingt spannend. Wie könnte das in der Praxis aussehen? Hast Du ein Beispiel parat?

Auslandsreiseversicherungen könnten etwa genau dann in Kraft treten, wenn der Kunde die deutsche Grenze überquert, und enden, wenn er wieder zurückkommt. Wer nach Mallorca reist, hat einen günstigeren Tarif, für den Nahen Osten ist er höher. Ein anderes Beispiel ist Gatorade: Mit einem Sensor auf dem Arm wird der Elektrolythaushalt bei Sportlern überwacht. Die über die sportliche Aktivität verbrauchten Nährstoffe werden erfasst und das für den Ausgleich benötigte Getränk, parallel zur Ausübung, gemischt und mir im Anschluss zur Verfügung gestellt. Diese Technologie wurde beim Superbowl und einzelnen NFL-Spielen bereits eingesetzt.

Was bedeutet das für die Unternehmen? Was müssen sie tun, um darauf vorbereitet zu sein?

Unternehmen müssen anfangen, ihre Kunden und Partner wirklich kennenzulernen. Sie in den Mittelpunkt zu stellen, reicht in den meisten Fällen nicht mehr aus. Nur wer weiß, was die eigenen Kunden beschäftigt, wird diese künftig mit den passenden Angeboten bedienen können. Im Beispiel von Gatorade kann nur das für mich optimale Getränk zusammengestellt werden, wenn Gatorade weiß, wie sich meine Aktivität auf meinen Elektrolythaushalt auswirkt.

Klingt simpel, aber ist es das auch? Wie schaffe ich es denn, den Kunden und seine Bedürfnisse besser zu verstehen?

Entweder habe ich mehr Daten des Einzelnen zur Verfügung oder ich stehe im direkten Austausch mit ihm. Sowohl für das eine als auch das andere brauche ich das Vertrauen meines Kunden.

Du sprichst in diesem Zusammenhang auch oft vom „Kevin-Problem". Was hat es damit auf sich?

Kevin wünscht sich vom Weihnachtsmann coole Spielsachen wie die THQ WII Schmackdown, den Dragon Ball Budohai und die War Republic Heroes. Der Weihnachtsmann hat aber leider keine Ahnung, wovon Kevin spricht. Weil er seinen Job aber schon Jahrzehnte macht, greift er auf seine Erfahrung zurück und schenkt Kevin schließlich ein Buch, also ein Standardgeschenk. Die beiden kommen überhaupt nicht zusammen, weil der Weihnachtsmann die Wünsche der Kinder nicht mehr versteht. Und so kann es Unternehmen auch mit den Wünschen ihrer Kunden gehen. Standardprodukte sind in einer immer individuelleren Welt ein erodierendes Element.

Wie können Unternehmen das „Kevin-Problem" lösen, sprich, dass sie – an den individuellen Bedürfnissen der Kunden vorbei – weiterhin Standardlösungen liefern?

In dem sie Nähe, Vertrauen und Sicherheit gegenüber ihren Kunden aufbauen und dadurch an die für die Entwicklung benötigten Daten bzw. Austausch gelangen.

Aber tun die Unternehmen das nicht heute schon?

Wenn wir uns eine Reihe großer deutscher Banken oder Autobauer anschauen, würde ich ganz klar sagen NEIN! Vertrauen in ein Unternehmen ist in unserer heutigen Zeit auch oft vom Einfluss Dritter (Gesellschaft etc.) beeinträchtigt. Und hier gilt es nicht die Aussagen, sondern am Ende die Taten für sich sprechen zu lassen. Das gelingt aktuell definitiv nicht allen Akteuren am Markt.

Welche Werte werden den Kunden künftig wichtig sein? Welchen Bestand und Stellenwert werden Nähe, Sicherheit und Vertrauen in den Kundenbeziehungen der Zukunft haben?

Aktuell finden wir uns tatsächlich in einem Wertewandel wieder, der starken Einfluss auf den Service von Morgen hat. Nähe ist zum Beispiel nicht mehr etwas, das in Metern berechnet wird. Es geht hier nicht mehr nur um physische Nähe, Unternehmen müssen heute auch relationale Nähe herstellen. Nähe drückt sich daher in der Qualität von Interaktionen aus. Über digitale Kanäle kann ein Unternehmen, das weit weg sitzt, trotzdem sehr nah an seinen Kunden sein. Auch das Vertrauen hat sich verändert – weg von menschlichen Beziehungen hin zu erfüllten Erwartungen. Amazon ist das beste Beispiel, denn Amazons Geschäftsmodell beruht auf erfüllten Erwartungen. Bestelle ich am 21. Dezember, weiß ich, dass die Ware spätestens am 24. Dezember vormittags bei mir ankommt. Deshalb bestellt eine überwältigende Mehrheit derer, die noch am 21. Dezember online shoppen, bei Amazon, denn sie trauen nur Amazon zu, dass das auch wirklich klappt und sie ein entspanntes Weihnachtsfest haben werden. Und Vertrauen ist DER entscheidende Faktor, um Zugang zum Kunden der Zukunft und zu seinen Daten zu erhalten.

Was rätst Du dann den Unternehmen?

Sie müssen sich mit diesem Wertewandel auseinandersetzen, wenn sie für die Zukunft vorsorgen wollen. Sie müssen von einem linearen Denkmuster zu einem exponentiellen Denkmuster kommen. Und nicht schrittweise, sondern disruptiv innovieren. Sie müssen schlicht anders arbeiten als bisher.

Also auch in digitalen Zeiten gewinnt nicht, wer Schnelligkeit und Einfachheit in den Vordergrund rückt, sondern wer erfolgreich Vertrauen aufbaut?

Die Kombination aus beiden Welten wird erfolgreich sein. Das eine darf das andere nicht ausschließen und muss in der Entwicklung bereits von Anfang an mitgedacht werden.

Welche Rolle spielen Bots dabei? Kann man hier tatsächlich von einem Siegeszug der Roboter sprechen – inwieweit können sie Kundenberater wirklich ablösen?

Das kommt stark auf den Einsatzbereich an. Bots werden definitiv Teil des Beratungsprozesses und in einfacheren Verkaufsgesprächen sogar federführend agieren. Allerdings finde ich in diesem Zusammenhang die spannendere Frage, wo Bots eingesetzt werden. Auf Unternehmensseite oder auf Seite der Kunden? Eine sehr deutliche Entwicklung zeichnet sich im Bereich der privaten Bots ab. „Was möchten sie gerne in gute Hände geben?" – in einigen Bereichen werden Kunden durch deren Bots ersetzt. Vor allem bei für uns lästigen oder zeitraubenden Tätigkeiten werden wir den Einsatz von Bots im privaten Bereich schnell erleben.

Wie sehen diese privaten Bots aus?

Nehmen wir den Bereich Mobilfunk: Ich kann meinen privaten Bot losschicken, um mir einen Datentarif X mit Y Features zum besten Preis-Leistungs-Versprechen zu besorgen. Dieser schlägt mir keine Alternativen mehr vor, sondern gleicht den Anbieter, der am besten zu mir passt, direkt und automatisch mit mir und meinen Bedürfnissen ab. Ebenso wechselt der persönliche digitale Assistent auch meinen Tarif, wenn ein besserer auf mich wartet (je nachdem was ich eingestellt habe). Am Ende ist all das nur ein weiterer Schritt in der logischen Weiterentwicklung unserer heutigen Vergleichsportale.

Das heißt, dann kommuniziert mein eigener Bot irgendwann mit dem Bot des Mobilfunkanbieters, um meine Vertragsangelegenheiten zu regeln?

Ja, genau so wird es in einigen Bereichen kommen.

Braucht es dann überhaupt noch den Menschen, wenn der Service quasi im Hintergrund stattfindet und ich selbst gar nicht involviert bin?

Der Mensch wird weiterhin gebraucht, nur ist das Einsatzgebiet ein anderes. Das Telefon zum Beispiel wird auch in der Zukunft ein sehr wichtiger Kanal bleiben, da hier im besten Fall sehr schnell Fragen beantwortet und komplexere Zusammenhänge erklärt werden können.

Was denkst Du, wird die Bedeutung des Kundenservice im Jahr 2030 eher zu- oder abnehmen? Wie wichtig wird den Menschen dann Service im Vergleich zu Produktqualität und Preis sein?

Das hängt sehr stark vom Produkt oder der Dienstleistung ab. Wenn sie sich in einem Verdrängungsmarkt befinden, sind die Anforderungen komplett unterschiedlich im Vergleich zum Premiumsegment. Auf der einen Seite wird die Bedeutung des Kundenservice abnehmen und eher automatisiert und auf Effizienz getrimmt. Auf der anderen Seite geht es darum, Erlebnisse und Austausch zu schaffen. Hier wird mehr Aufwand rund um den Kunden betrieben werden. Insgesamt wird das Thema Service aber deutlich an Stellenwert gewinnen.

„Bei zeitraubenden Tätigkeiten werden wir den Einsatz von Bots im privaten Bereich schnell erleben."

Jeden Tag ein bisschen besser

Geschäftsführer Europcar Mobility Group Germany

„moving your way." Schon klar, für den Deutschlandchef einer der größten Mobilitätsdienstleister der Welt steht der Service bei der Europcar Mobility Group „zuallererst im Dienst des Kunden". Überraschen wird aber, welche Zusammenhänge Gastautor Stefan Vorndran beim Blick in den „Service-Motor" des Unternehmens sieht. Und deren Reichweite – mit dem Ziel perfekter Kundenerlebnisse – signifikant ausdehnt.

Service, Dienstleistung, Hilfeleistung – es gibt die unterschiedlichsten Bezeichnungen und Ausprägungen der (Berufs-)Tätigkeit als Autovermieter, die für ein globales Unternehmen wie die Europcar Mobility Group im Grunde weltweit den gleichen Kerngedanken umfasst: durch das eigene Handeln Mitmenschen einen Dienst erbringen. Das tun wir sogar häufiger als auf den ersten Blick erkennbar. Denn selbst wenn wir nicht im direkten Kundenkontakt arbeiten, stehen unsere Tätigkeit und eine Vielzahl der dadurch angestoßenen Prozesse mit dem Wohl unserer Mitmenschen in Verbindung.

Doch dieser Service, ein Kundendienst im bestmöglichen Sinne, adressiert die ganze Kette unserer Stakeholder über das klassische Kundenverständnis hinaus. Also ganz vital und unmittelbar auch den Mitarbeiterkreis, unsere Lieferanten bzw. Partner in der Industrie und unsere Gesellschafter. So ist Service – wenn er als tolles Erlebnis wahrgenommen werden soll – immer das Ergebnis einer Wechselwirkung vielfältiger Leistungen und Prozesse, die zum überwiegenden Teil im Hintergrund – außerhalb des Blickfelds unserer Kunden – ablaufen. Die aber als komplexes Geflecht gegenseitiger Abhängigkeiten intern wie extern Wirkung entfalten müssen.

Wir alle sind Dienstleister und für guten Service verantwortlich

Möchten Sie als Kunde beispielsweise in einer unserer Stationen bei Europcar oder Buchbinder ein Fahrzeug anmieten, werden Sie in der Regel bereits von einer Mitarbeiterin oder einem Mitarbeiter unseres Teams erwartet, um den operativen Teil der Vermietung zu übernehmen. Doch tatsächlich fängt unser Service schon an, lange bevor Sie als Kunde durch die Tür treten. So sorgt neben ihrem Branding das identische Erscheinungsbild unserer Stationen sowohl von außen wie von innen für eine Kongruenz, die Kunden auf den ersten Blick schon das Suchen und Finden einer Mietstation erleichtert. Sei es eine firmeneigene Niederlassung oder einer unserer Agenturpartner. Die für uns intern wichtige Wirkung dieser Homogenität liegt darin, dass das übereinstimmende Bild unserer Stationen bereits dem Mietwunsch des Kunden klare Konturen verleiht – der Wunsch nach einem Auto von Europcar oder Buchbinder.

Am Counter der Station ist für den Kunden sichtbar nur das Ausfüllen eines Mietvertrags und die Registrierung im System. Hinter dem einfach abzuwickelnden Prozess stecken jedoch bereits vorab viele verschiedene Abteilungen und vorgeschaltete Abläufe. Denn an diesem Frontend der Dienstleistungskette müssen unsere Kunden ein konsistentes Bild der Mitarbeitenden erwarten können, das Kompetenz signalisiert und Vertrauen aufbaut. Damit dieses Bild trägt, müssen wir sicherstellen, dass die Mitarbeiter in den Stationen dieses hohe Kompetenz- und Qualitätsniveau tatsächlich erreichen können. So einfach das klingt – und für den Kunden auch sein soll – damit verknüpfen wir bei der Europcar Mobility Group Germany zwei Ziele: Dass wir a) das perfekte Kundenerlebnis bieten, dem b) unsere Teams vor Ort ein Gesicht geben.

Warum ist das wichtig? – Es gibt in den meisten Branchen eine Vielzahl von Wettbewerbern. Auch bei uns ist die Konkurrenz groß. Abgesehen von unterschiedlichen Angebotsmodellen und Benefits gibt meist nur ein einziger Punkt den Ausschlag dafür, eine Dienstleistung bei einem bestimmten Unternehmen wiederholt in Anspruch zu nehmen: Der Service und die Erfahrung, die ich persönlich damit hatte. Das, was man als Kunde emotional noch mit dem allerersten oder dem jüngst zurückliegenden Erlebnis verbindet. Denken Sie einmal an Ihre eigenen Erfahrungen zurück. Erinnern Sie sich an einen entscheidenden Moment? Kommt Ihnen vielleicht sogar umgehend ein bestimmtes Unternehmen in den Sinn? Egal, woran Sie denken, immer ist diese Erinnerung mit einer Emotion verbunden – einer Emotion, die den Unterschied macht. Und ich gehe sogar so weit zu behaupten, dass es in den meisten Fällen die Interaktion mit einem Menschen war.

Unser Ziel ist es, diese Erfahrung zu sein, dieser Moment in der Erinnerung der Kunden, in dem ihre Erwartungen erfüllt, ja vielleicht sogar übertroffen wurden. Das jedoch – Stichwort „einfach" – bedarf einer Vielzahl von Mitarbeitenden, die über diverse Kommunikationswege im Vorder- wie im Hintergrund an diesem Serviceerlebnis unserer Kunden beteiligt sind: angefangen mit der Bereitstellung der richtigen Flotte sowie der regelmäßigen Wartung und Pflege dieser Fahrzeuge in den Stationen bis hin zu unseren Fachleuten im Marketing Operations Team, die die Zahnräder dafür justieren, dass der Kunde am Ende seine perfekte Dienstleistung erhält. Auch sie sind in einem weiten Verständnis von Service „Dienstleister", denn eine Dienstleistung muss lange bevor sie dem Kunden zugutekommt, geplant sein. Diese Planung und das Verständnis dahinter durchzieht das ganze Unternehmen und damit auch den Spirit, den Geist unserer Marken, die Teil der Europcar Mobility Group Germany sind. Wir alle sind Dienstleister und möchten unseren Kunden den besten Service bieten.

Mein persönliches Motto: Jeden Tag ein bisschen besser
Mein persönlicher Leitgedanke in diesem Sinne ist der Anspruch, jeden Tag ein bisschen besser zu werden. Dieser Satz hat mich in meiner beruflichen Laufbahn vom Tourismus in die Mobilitätsbranche begleitet und prägt meinen Alltag auch heute als Geschäftsführer der Europcar Mobility Group Germany. „Jeden Tag ein bisschen besser" ist der Motor, der hinter all unserem Handeln steckt. Ein Anspruch, den ich an mich selbst stelle und den ich mir an jedem Tag auch von meinen Mitarbeitern wünsche. Ob zu Beginn einer Schicht oder kurz vor Feierabend, sei es am Wochenende oder in einer unserer Airport-Stationen, wenn selbst noch der letzte Flieger mit Europcar-Kunden an Bord verspätet landet.

„Unser Ziel ist es, diese Erfahrung zu sein, dieser Moment in der Erinnerung der Kunden, in dem ihre Erwartungen erfüllt, ja vielleicht sogar übertroffen wurden."

Für mich – so schwer uns das mitunter auch fallen mag – heißt das, dass wir uns täglich hinterfragen müssen. Das bedeutet: Den Motor, von dem ich sprach, jeden Tag neu anzulassen. Erfüllt ein neues Produkt wirklich die aktuellen Kundenwünsche? Wie werden sich die Ansprüche in Zukunft verändern? Wie kann unser Serviceengineering die Effizienz, Qualität und Wettbewerbsfähigkeit der Dienstleistungen weiter steigern? Was müssen wir beachten und wie unsere Strategie entsprechend anpassen? Es ist entscheidend, dass wir niemals stillstehen, die Meinung unserer Kunden ernst nehmen, den Markt genau beobachten und aktuelle Trends erkennen und reflektieren.

Nur ein Beispiel dafür ist unsere Europcar-App. Schon vor zehn Jahren gelauncht mit dem Ziel, es unseren Kunden so einfach und bequem zu machen, rund um die Uhr einen Mietwagen zu reservieren und an einer unserer Tausenden Stationen weltweit abzuholen, hat sie bis heute viel dazugelernt. Von zusätzlichen Features wie die einfache mobile Bearbeitung neuer und bestehender Buchungen, über die schnellere Abholung von Mietwagen via QR-Code mit verifiziertem Account und Online Check-in bis zur Import-Funktion für Buchungen außerhalb der Europcar-Plattform. Doch genauso wichtig wie das „Ohr am Kunden" ist für uns internes Feedback:

gegenseitige Kritik und Verbesserungsvorschläge eines jeden Mitarbeitenden – sei es die Praktikantin, der neue Aushilfsfahrer oder der langjährige Kollege am Counter – akzeptieren. Besser werden können wir nur, indem wir unterschiedliche Blickwinkel berücksichtigen und entsprechende Veränderungen umsetzen. Der Erfolg zeigt sich zum Beispiel an höheren Buchungszahlen, allgemein zufriedeneren Kunden (gemessen am Net Promoter Score) und damit weniger Reklamationen.

Nur gemeinsam im Team sind echte Wandlungsprozesse und kontinuierliche Verbesserungen möglich, um am Ende unser oberstes Ziel zu erreichen: das richtige Fahrzeug zur richtigen Zeit und zum richtigen Preis am richtigen Ort.

Als Europcar Mobility Group sind wir heute mehr als eine Autovermietung. Wir sind weltweiter Mobilitätsdienstleister. Neben dem klassischen Mietgeschäft, in dem wir in Deutschland seit dem Start als „Selbstfahrer Union GmbH" 1927 mehr als 90 Jahre Erfahrung haben, bieten wir unseren Kunden heute flexible und individuelle Angebote für jede Zeitspanne: Sei es ein Mini für ein bis zwei Stunden zum Einkauf in der Stadt, ein Cabrio für den Wochenendausflug mit dem Partner oder ein Transporter für mehrere Monate im eigenen Betrieb, als Alternative zum Leasing.

In Deutschland stehen unseren Kunden mehr als 500 Stationen bei Buchbinder Rent-a-Car und Europcar zur Verfügung, um aus einer Flotte von ca. 50.000 Mietwagen das perfekt auf ihre jeweiligen Bedürfnisse zugeschnittene Fahrzeug auswählen zu können. Viele unserer Stationen sind rund um die Uhr geöffnet, um einen möglichst flexiblen Kundenservice zu bieten. Neben einem großen Netzwerk, unserem 24-Stunden-Notfalldienst und attraktiven Öffnungszeiten gehören dazu auch eine gute Beratung durch unser geschultes Personal, attraktive Zusatzangebote vom Kindersitz bis zu Regaleinbauten in Transportern, und natürlich die Zustellung und Abholung von Fahrzeugen. Aber – und das ist auch so eine „Hinter-Frage": Ist das in Summe schon ein USP?

In Zeiten, in denen sich jeder an Alexa oder Siri halten kann, wenn er Smalltalk betreiben möchte, sind es persönliche Erreichbarkeit, Beratung und Flexibilität, die den Unterschied ausmachen: in der Kommunikation mit einem Menschen, wenn man sie braucht. Ohne Frage bietet die Digitalisierung neuartige Wege des Customer Service (z. B. die Online-Buchung über das Smartphone, der digitale Führerschein-Check oder die kontaktlose und schnelle Schlüsselabholung am Key Dispenser), die den direkten Kontakt zu einer Person zunächst oft unnötig erscheinen lassen. Doch es gibt Bereiche in unserem Leben, in denen gerade dieser persönliche Austausch vielleicht nicht unerlässlich ist, aber einfach passender und eben „menschlicher".

Gerade bei komplexeren Fragen, Pannen- oder Notsituationen ist man froh, einen menschlichen Ansprechpartner zu haben und zu ahnen, dass hinter „seiner" persönlichen Hilfe tatsächlich viele engagierte Menschen und eingespielte Abläufe stecken. Vor allem ist das der Fall, wenn es um die Fähigkeit der emotionalen Anteilnahme geht. Ein Alleinstellungsmerkmal, das bis dato einzig und allein der Mensch innehat. Das ist besonders im direkten Kundenkontakt ein wichtiges Kriterium, das mitentscheidend dafür ist, für welches Unternehmen sich Kunden letztendlich entscheiden.

Geschäftsführer Europcar Mobility Group Germany

„ ‚Jeden Tag ein bisschen besser‘ ist der Motor, der hinter all unserem Handeln steckt.“

Als Team machen wir den Unterschied

Unser Ziel ist es, Mobilität zu ermöglichen. Mobilität, die auf die individuellen Lebensformen der Menschen zugeschnitten und gleichzeitig umweltfreundlich und nachhaltig ist. Die Verantwortung, die damit einhergeht, ist groß. Kunden wünschen sich maximalen Komfort und effizienten Service. Der Alltag ist komplex genug. Natürlich weiß jeder Kunde einer Autovermietung, dass es im Kern seines Anliegens um die zeitweise Überlassung von fünf- mitunter sechsstelligen Werten geht.

Und wenn wir uns selbst in die Situation des Kunden versetzen, bekommen Fragen nach „erhöhter Haftpflichtdeckungssumme", „Selbstbeteiligung im Schadensfall" oder „der Vollkaskoversicherung auch für Schäden an Glas, Dach und Reifen" auch für uns schnell etwas Sperriges. Bei der Inanspruchnahme von Dienstleistungen soll es doch aber unkompliziert und schnell gehen.

Der alles entscheidende Baustein, um dieses Ziel zu erreichen, sind unsere Mitarbeiter. Nur wer unsere Überzeugung teilt, danach handelt und dem gleichen Leitgedanken folgt, ist im Stande, exzellenten Service zu leisten. Deshalb achten wir bei der Auswahl darauf, mit welcher Intention Bewerber bei uns arbeiten möchten: Denken sie mit – oder besser noch gar quer oder voraus? Haben sie stets unsere Kunden im Blick und bleiben auch in schwierigen Situationen freundlich und hilfsbereit? Bringen sie sich mit Ideen ein und teilen unseren Ansporn, jeden Tag ein bisschen besser zu werden? Auf unser heutiges Team bin ich unglaublich stolz. Es bringt uns in ebenso großen Schritten voran wie es Spaß macht, sich gemeinsam auf internen Plattformen wie Facebook Workplace auszutauschen oder agil in Scrum-Teams zu arbeiten. Hier können wir alle voneinander lernen und unsere eigenen Ideen mit anderen verproben. Denn selbstverständlich hat jeder – trotz zentraler Vorgaben – seine eigene

ANDERSMACHER

„Bester Service bemisst sich auch an der Einfachheit und Transparenz interner Prozesse und deren reibungslosen Zusammenspiel im Hintergrund."

Emotion
ist die Wurzel
der Speise

Das Düsseldorfer Start-up Just Spices wagte sich einst in einen Markt, wie er verstaubter und weniger innovativ kaum sein konnte. Freudlos, trostlos, lieblos. Aber mit viel Menschlichkeit, einem sehr guten Gespür für Innovationen und einem mutigen Team setzt das junge Unternehmen seitdem Trends.

Vorspeise

Drei BWL-Studenten, als Esser so experimentierfreudig wie als „Koch-Narren", wollen sich in ihrer Dortmunder Studenten-WG des Jahres 2012 gemeinsam an ein Dal machen. Ein grundsätzlich einfacher Eintopf aus Hülsenfrüchten, der in Indien und Pakistan als Grundnahrungsmittel dient. Veredelt, verfeinert, verbessert wird das Dal vor allem durch seine vielen Gewürze, etwa Kreuzkümmel oder Ingwer. Die jeweiligen Landesküchen kennen Hunderte verschiedener Variationen.

Das Würzen macht aus dem alltäglichen Gericht eine besondere Speise, zahlt auf die Sinne ein. Denn Würzen sorgt schließlich nicht nur für einen angenehmen Geschmack, sondern auch für einen anregenden Geruch. Und der ist ganz essenziell, da sich das Gesamtgeschmacksempfinden zum größten Teil in der Nase abspielt. Das kann auch zu Enttäuschungen führen. Wenn man als Urlaub-in-Spanien-Rückkehrer erkennt, dass Sangria und Manchego auf dem Balkon zu Hause plötzlich ganz anders schmecken. Allein weil ihnen der Salzgehalt heimischer Küstenluft fehlt. Würzen kommt sprachlich von „Wurzel", ist somit die Basis allen Genuss`, ist Riechen und Schmecken zugleich, betört die Sinne und dient als Bindung, als emotionale Gelatine zwischen der Speise und den Sinnen der Esser.

Der Gang in den Supermarkt anderentags brachte der Studenten-WG jedoch Ernüchterung und Geistesblitz zugleich. „Weder gab es dort alle Gewürze, die unser Dal-Rezept benötigte, noch war die Produktpräsentation besonders inspirierend oder innovativ", erinnert sich Florian Falk. Der quirlige Rheinländer ist einer aus dem Trio, das nur wenige Monate später Just Spices gründete. Gefühlt 100 unterschiedliche Gewürze für ein indisches Gericht kaufen zu müssen, war außerdem auch nicht der Plan gewesen. Der Kochabend mit Freunden wurde zur komplizierten und teuren Angelegenheit – setzte bei den Gründern jedoch auch die Denkmaschine in Gang: „Warum ist die Situation im Supermarkt eigentlich so wenig innovativ? Wieso kann man Gewürze nicht direkt als Mischung kaufen, die sofort mein Kopfkino in Gang setzt? Wo ist der Servicegedanke, das Verständnis für gesunden und nachhaltigen Lebensstil und wo sind eigentlich die Gewürzdosen, die nicht nur unser Essen, sondern auch unsere Küche aufwerten?" Dieser auf den ersten Blick sehr spröde Markt hatte offensichtlich noch eine Menge Potenzial.

Erste Erkenntnis: Da ist Raum für neue Mischungen. Denn, siehe das Dal, Gewürze einzeln kaufen zu müssen, ist kostspielig und mühselig. Und nicht nur das. Insgesamt ist der Gewürzmarkt wenig innovativ, verstaubt, monopolistisch und minimal emotional. „Gewürze sind dafür da, ein Gericht authentisch zu machen, sie sorgen dafür, dass Essen zum Erlebnis wird. Doch von ‚Erlebnis' hatte dieser Markt damals nicht viel", so beschreibt es Florian Falk. Der Kauf von Gewürzen seinerzeit ließe sich eher mit einem Sockenkauf vergleichen, „auch die benötigt man, aber wirklich emotional ist der Kauf nicht", so der Gründer weiter. Und er hat recht: Bis auf die berüchtigten „Kräuter der Provence" war der Gewürzmarkt in der Regel noch vor wenigen Jahren so erlebnisorientiert und emotional aufgeladen wie der Spanplattenzuschnitt im Baumarkt. Nüchtern bis lieblos in der Darbietung und haptisch erlebbar wie Bürobedarf. Als hätten sich die Gewürzdöschen selbst ins Regal einsortiert. Ein Markt, den einige wenige Player dominierten, und in dem es wenig Bedarf an Neuerungen gab – aber nur auf den ersten Blick, wie die erfolgreiche Entwicklung von Just Spices eindrucksvoll beweist. Das junge Unternehmen hat das Verlangen der Verbraucher nach Innovationen punktgenau erkannt. Ganz im Gegensatz offenbar zu tradierten Marktteilnehmern und Branchenfachleuten: „Jeder hat uns damals für verrückt erklärt, sich in einen monopolistischen Markt dieses Charakters einzumischen", sagt Falk.

Hauptgericht

Firmengründer Florian Falk, Ole Strohschnieder und Bela Seebach verließen sich dennoch auf ihr Bauchgefühl – glücklicherweise. Sie machten sozusagen „Reverse Engineering", erinnerten sich ihres gescheiterten Dal-Versuchs und fragten sich: „Was braucht denn der Kunde?" Sie versetzten sich in die Geschmacks- und Gedankenwelt anderer Food-Begeisterter, betrieben Application-Thinking, zäumten das Pferd von hinten auf. Nicht: „Kunde, hier ist das Gewürz, koch damit." Sondern: „Ich Kunde möchte dieses

„Wir wollten aus dem Plankauf bei Gewürzen einen Impulskauf machen. Einen Kauf, der durch Sinne und Emotionen geweckt wird – der aber auch ein hohes Maß an Authentizität erfordert."

„Von der internen Produktentwicklung durch unsere Köche über unseren gemeinsamen Tasting-Prozess mit versammelter Mannschaft bis hin zur Nähe zu unseren Kunden, spielt Menschlichkeit für uns eine große Rolle."

Gericht kochen, biete Du, Unternehmen, mir ein authentisches Gewürz dafür!" Vom Gründungsstandort Düsseldorf aus setzte das Rezept des Start-ups von Anbeginn auf die Freude am Kochen seiner Kunden und hat den Markt gewissermaßen von innen heraus erweitert. Und nicht nur das: „Wir wollten aus dem Plankauf bei Gewürzen einen Impulskauf machen", erzählt Florian Falk. Einen Kauf, der durch Sinne und Emotionen geweckt wird – der aber auch ein hohes Maß an Authentizität erfordert.

Deshalb gingen die drei Gründer 2014 auf Weltreise. Die duftenden Straßen Indiens, texanischer Barbecue-Qualm oder die Leidenschaft von Cocinar Maria in Mexico, all das mündete in Gewürzmischungen für kochbegeisterte Verbraucher. Produkte, eigens kreiert für die Freude am Kochen, verknüpft mit dem Ziel, jedes Gericht leckerer zu machen – diese Philosophie war für Just Spices ein Gründungsfundament. Für die zahlreichen Innovationen, mit denen sie fortan für Furore sorgen sollten, ließen sich die drei Jungunternehmer in praktisch jedem der bereisten Länder von heimischen Köchen inspirieren.

Tief beeindruckt vom Facettenreichtum dieser Begegnungen, kam den Heimkehrern die Idee, diese Menschen auf ihren Dosen abzubilden. So strahlen bis heute Portraits dieser und inzwischen auch vieler anderer „echt" sympathischer Menschen aus den Ursprungsländern der Gewürze von jeder Just Spices-Dose. Und diese Art menschliche Handschrift zieht sich durch das ganze Unternehmen. „Von der internen Produktentwicklung durch unsere Köche über den gemeinsamen Tasting-Prozess mit versammelter Mannschaft bis zur Nähe zu unseren Kunden", betont Falk, „spielt Menschlichkeit für uns eine große Rolle." Es ist ein Versprechen von Mensch zu Mensch, das nicht nur im Lebensmitteleinzelhandel (LEH) in kürzester Zeit zur Marke wurde: Just Spices. Dass im Unternehmensnamen etwas Puristisches mitschwingt, kommt nicht von ungefähr. Gewürze und die ursprüngliche Vielfalt ihrer Gaben werden als Geschenk der Natur nicht nur gesehen, sondern auch behandelt. „Deshalb sind Geschmacksverstärker für uns ein No-Go, setzen wir nur natürliche Zutaten ein, und nichts kommt aus dem Labor", betont Florian Falk.

Und der Kunde? Der hat am naturbelassenen Umgang der Düsseldorfer mit Safran, Thymian, Zimt und Co. und ihrer nahbar gestalteten Produktverfeinerung offenbar großes Vergnügen. Aus ihren innovativen Mischungen werden – pfiffig gewürzt – selbst profane Speisen wie Rührei oder auch Mett neu emotionalisiert. Eigentlich völlig naheliegend und doch über Jahrzehnte so fern.

Dieser „richtige Riecher" des jungen Unternehmens ist vor allem darauf zurückzuführen, dass hier in der Produktentwicklung menschliche Sensorik (geschmacks-) richtungsweisend eingesetzt wird, weit abseits industrieller Modellrezeptionen. Tatsächlich probieren die mittlerweile 80 Mitarbeiter alles selbst, prüfen Produkteignung und -verhalten von der ersten Idee bis zum Testkochen und anschließender Verkostung. Und bei jeder neuen Mischung steht nicht die Frage im Vordergrund, mit welcher Kombination der Markt beglückt werden soll, sondern laut Falk, „der Austausch mit unserer Community". Den Wert von Influencern und Social Media – schnelle Interaktion, Identifikation und Feedbacks zwischen „WOW, Daumen hoch" und „Dislike"– hat Just Spices sofort erkannt und betreibt neben Pinterest, Twitter und Facebook auf Instagram einen der größten Kanäle im Food-Segment. Locker fünfstellig schlagen dann schon Antworten auf, wenn Just Spices seine Kunden, Friends und Follower einfach nur fragt: „Was wollt Ihr gern essen?"

„So inspirieren uns unsere Kunden jeden Tag neu und bestärken uns darin, wie viel Freude Kochen mit den richtigen Gewürzen macht." Mit viel Empathie und Fingerspitzengefühl arbeitet das Customer-Care-Team daran, diese Kommunikation zu professionalisieren, es beantwortet Kundenanfragen und Anregungen so persönlich wie möglich und nutzt die gesammelten Daten mit Software-Unterstützung anschließend zur Analyse. Nur diese zwischenmenschliche Komponente führt zu erfolgreichen Neuentwicklungen wie zum Beispiel den Fix-Kreationen IN MINUTES.

„Auch für unsere superschnellen Fix-Gerichte", betont Falk, „gilt die Just Spices Philosophie: alles muss lecker, innovativ und frei von künstlichen Zusätzen sein." So kam nach monatelangem Tüfteln im November 2018 mit IN MINUTES „ein neues Herzensprojekt" auf, das dem sehr betagten Markt der Fix-Gerichte flux neues Leben einhauchte. Stand heute haben 27 bunte Tüten erneut für eine kleine Revolution im Supermarktregal gesorgt. Schnelle Rezepturen, die spielend leicht gelingen, Appetit darauf machen, selbst zu kochen und dabei nichts als Gewürze und Kräuter enthalten wie alle Produkte des Unternehmens. So stimulieren Klassiker wie Bolognese oder Lasagne ebenso die Rezeptoren wie fancy Food-Trends à la Avocado-Linsen-Salat oder das arabisch-israelische „Nationalgericht" Shakshuka.

Dessert

Angetrieben von der Liebe zum Produkt führen Innovation und Entwicklungen zu immer neuen Ideen, Kategorien und Konzepten. Doch zum Selbstverständnis der „Gewürzwelt-Verbesserer" gehört eben auch ganz vital der Faktor menschliche Emotion. Und deren „Haltbarkeitsdatum" – ein Wort, das bei der Erfolgsgeschichte von Just Spices nur eine marginale Rolle spielt – ist für Florian Falk „eine Herausforderung". Denn natürlich sollen die Themen Authentizität und Emotionalisierung bei Produkten von Just Spices auch in Zukunft eine wichtige Bedeutung haben. Deshalb räumt er den Mitarbeitenden das maximal mögliche Maß an Individualisierung im Arbeitsalltag ein. Prinzip: „Wir müssen unsere Firmenkultur weiterentwickeln und leben, in der jeder sein kann, wie er möchte. Hier soll jeder machen, was er gerne tut", ist Florian Falk sicher. Erst diese Art des Arbeitens schafft eine „innere Freude", die Spaß bringt und ein Feuerwerk emotionaler Produktideen zündet. Ein Gin-Baukasten, das Schokoladen-Kit zum Selbermachen oder IN MINUTES eben. Alles so naheliegend und doch so fern – wenn man denn den Menschen und seine Gefühlswelt außen vorlässt. Bei Just Spices ist und bleibt aber die Emotion die Wurzel der Speise, auch weil das Unternehmen noch viel vorhat. Ganz unbescheidenes Ziel der Düsseldorfer: Erfolgreichster Gewürzbrand Europas zu werden. Das allein wird den Wettbewerb schon fuchsen. Damit aber nicht genug: Schritt für Schritt will Just Spices dabei unzählige Menschen auf ihrem Weg zum Spaß am Kochen und ausgewogener Ernährung begleiten.

↑ Zwei Bonner: Firmenchef Michael Christmann
(echt) und Ludwig van Beethoven (Stuck)

Mensch-Maschine
per se meisterhaft

**Ein künstlerisch geprägtes Handwerk mit
Wurzeln in der Antike und seiner Blütezeit im
18. Jahrhundert in die Zukunft zu führen –
das ist die Passion von Michael Christmann.
Dafür setzt er auf ein unschlagbares Team:
moderne Maschinen und mündige Mitarbeiter.**

Weder holen Michael Christmanns Mitarbeiter zunächst die Werkzeugkiste aus dem Firmenlaster, noch kleben sie etwas ab. Auch der Zollstock bleibt erst einmal in der Seitentasche der Arbeitshose zurück, und ebenso kommen die Baupläne nicht sofort zum Einsatz. Als erstes, wirklich als allererstes legen sie die frisch gewaschene, blau eingefärbte und mit dem Firmenlogo versehene Fußmatte vor die Eingangstür der Baustelle ihrer Kunden. „Unsere Botschaft: Hier kommen die Jungs von Stuck-Belz, das gehört zu unserem Markenzeichen", begründet der Bonner Firmenchef das auf Akkuratesse und Liebe zum Detail bedachte Auftreten seiner Kolleginnen und Kollegen.

Immer ordentliche Arbeitskleidung, Firmenfahrzeuge, die gepflegt aussehen oder eine Präsenz in sozialen Medien, die weit vorne ist. Stuck-Belz aus Bonn ist vom Rollenklischee des typischen Handwerks so weit entfernt wie eine Autobahnraststätte von einem Gourmettempel. Prozessorientiert, mit einem deutlichen Fokus auf die Digitalisierung, mit Spaß an modernen Marketing- und Vertriebsansätzen und – last but not least – mit dem Menschen immer im Mittelpunkt. Ganz gleich, ob Kunde oder Mitarbeiter. Das Besondere an dieser Firmenphilosophie ist: Sie entstand in einer Krisensituation.

Aus der Krise zum Erfolg
Um das zu verstehen, ist der Blick auf die Unternehmensstruktur früherer Zeiten wichtig. Ist Stuckarbeit per se zwar ein sehr spezialisiertes Gewerk, kommt Firmen im Rheinland noch eine besondere Bedeutung zu. Denn in Bonns Alt- und Südstadt gibt es historisch bedingt bundesweit mit die meisten stuckverzierten, denkmalgeschützten Außenfassaden, genug Arbeit also für alle Beteiligten. Und, so wie es in dieser Region generell üblich ist: Man kennt sich, setzt viel auf die Power des Netzwerks, vertraut einander und weiß die Arbeit des anderen zu schätzen, ein sorgloses Arbeiten also – was jedoch ein Trägheitsmoment hervorrufen kann.

Auch Stuck-Belz hatte sich zu sehr auf diese gewachsenen Strukturen verlassen. Architekten, Privatkunden, Kirchen: Gut gepflegte Beziehungen, die über Jahrzehnte alt waren, aber sich plötzlich auf einen Schlag veränderten. Entscheider, die reihenweise in Rente gingen oder in der Verwaltung flugs eingeführte Ausschreibungssysteme, die fortan europaweit nach Dienstleistern suchten. Der Markt hatte sich in Windeseile verändert, alte Beziehungen waren gewissermaßen über Nacht weggefegt. „Ich war 2005 Mitte 20, hatte 40 Mitarbeiter, aber kaum noch Kunden", fasst der Chef des 1948 gegründeten Unternehmens zusammen. Nach viel Schweiß, aufwendiger Akquise und mehrere Jahre andauernder Ochsentour fasste Christmann daraufhin einen Entschluss, der seitdem das Firmencredo ist: „Wenn jemand im Internet nach „Stuck" und „Bonn" sucht, dann muss er auf uns kommen." Ziel war es also, zur bedeutendsten Marke für Stuckarbeiten in der Region und darüber hinaus zu wachsen und somit den erfolgreichen Fortbestand von Stuck-Belz zu sichern.

Menschen und Technik verbinden

Entscheidend ist aber: Um dieses Credo mit Leben zu füllen, entschied sich der Stuckateurmeister nicht etwa dafür, allein auf teuer eingekaufte Suchmaschinenplatzierungen zu setzen, wenngleich Technologie ab diesem Zeitpunkt ein wichtiges Momentum für ihn darstellte. Sondern der Unternehmer nutzt eine besondere Kombination. Er setzt seitdem immer auf die Kettenreaktion Mensch & Digitales in Kombination.

Ein Beispiel: Ist man Kunde bei Stuck-Belz, so hat das Unternehmen selbstverständlich einen entsprechenden Eintrag in der CRM-Software angefertigt. Dieser setzt dann nach Erbringung eines Auftrags und sechs Monate vor Ablauf der Gewährleistung automatisiert eine entsprechende Kettenreaktion in Gang. Die Mitarbeiter des Handwerkbetriebs melden sich beim Kunden telefonisch und fragen an, ob alles noch in Ordnung sei. „Im schlimmsten Fall habe ich daraufhin auf meine Kosten einen Schadensfall zu beheben, bestenfalls einen positiv beeindruckten Kunden. Und manchmal entsteht auf diese Weise sogar Neu- oder Zusatzgeschäft", so Michael Christmann.

Oder die Außendarstellung des Unternehmens. Die Fußmatte gehört ebenso dazu wie die immer sehr adrette Berufskleidung – die die Mitarbeiter übrigens komplett gestellt bekommen – oder tipptopp gepflegte Fahrzeuge. Erscheinen die Mitarbeiter dann beim Kunden zum Einsatz, geht die digital-menschliche Kettenreaktion weiter. Denn für ein Unternehmen dieser Größenordnung nicht gerade üblich, läuft hier alles sehr prozessgesteuert ab. Das geht vom Einsatz digitaler Hilfsmittel in der handwerklichen Arbeit fürs Vermessen über eine fotografische Dokumentation bis hin zum Fragebogen, den jeder Kunde nach Abschluss des Projekts bekommt und in dem er vom Erscheinungsbild der Mitarbeiter bis zur Beurteilung der eigentlichen Arbeit das Projekt sehr detailliert bewertet. Dieser wird dann ausgewertet, landet in der Unternehmenssoftware und letztlich wieder beim Mitarbeiter in Form einer eindeutigen Arbeitsanweisung. Die Kunden goutieren dieses Vorgehen, merken, dass hier eben nicht frei Schnauze gearbeitet wird, sondern wohlüberlegt technologisch unterstützt, aber immer mit einem menschlichen Touch. Christmann: „Unsere Prozesse sollen von vorne bis hinten perfekt sein. Wenn sich unser Kunde an keinen Handwerker, der ihn beim Bau seines Hauses unterstützt hat, erinnern kann, an uns soll er sich unbedingt erinnern."

← Stuck-Belz 1988: Werkstattleiter Hans Voosen mit dem damaligen Firmenchef Wilhelm Zehe, Michael Christmanns Großvater, begutachten eine Amphore, die für den Garten der Australischen Botschaft hergestellt wurde

↓ Hans Voosen mit einem Kollegen im Einsatz, dieses Bild entstand etwa 1970

„Der Funke zwischen den Generationen muss überspringen. Das war bereits bei mir so, als ich bei meinem Großvater, der 1961 die Geschäftsführung übernahm, in die Werkstatt gehen durfte und staunend zusah."

Begeisterung wecken, Mitarbeiter gewinnen

Dieses Unternehmensprinzip gilt indes nicht nur kundenseitig, sondern desgleichen im Binnenverhältnis. So berichtet der Unternehmer beispielsweise, dass es im Ausbildungsjahr 2019 in seiner Region gerade einmal fünf Auszubildende bis zur Gesellenprüfung gebracht hätten, von denen nur noch zwei im Beruf geblieben sein, einer davon bei Stuck-Belz. Das heißt, der handwerkliche Fachkräftemangel ist selbst im sehr künstlerisch besetzten Stuck-Gewerk ein großes Thema. Deshalb gilt es hier umso mehr, potenzielle Mitarbeiter zu begeistern. Das gelingt Michael Christmann, dessen Team eine in der Regel sehr lange Betriebszugehörigkeit aufweist, ebenso durch die Kombination

„Unsere Prozesse sollen
von vorne bis hinten perfekt
sein. Wenn sich unser
Kunde an keinen Handwerker,
der ihn beim Bau seines
Hauses unterstützt hat, erinnern kann, an uns soll
er sich unbedingt erinnern."

ANDERSMACHER

↑ Von der Handwerkskammer Köln
als „Ausbildungsbotschafter" ausgezeichnet: Stukkateur Niklas Koop

→ In der Werkstatt: Hermann Klein,
bereits seit 1981 im Betrieb

← Michael Christmann bespricht mit
Stukkateur Stefan Nötzold eine
neue Ausformung

von Modernität und Menschlichkeit, er will „zukünftigen Mitarbeitern die Tür aufmachen", wie er es nennt, zeigen, was man ihnen bietet. Dazu müsse, so sagt Christmann, „der Funke in der Generation überspringen". „Das war bereits bei mir so, als ich bei meinem Großvater, der 1961 die Geschäftsführung übernahm, in die Werkstatt gehen durfte und staunend zusah. Diese Begeisterung für den Job möchte ich wecken."

Beste Produkte statt Billigheimer

Bei ihm gehen deshalb Vertrauen und Eigenverantwortung einher, bekommen bereits Praktikanten einen klar definierten Vertrag, der Missverständnisse ausschließt und Verantwortlichkeiten klar beim Namen nennt. Oder: „Wenn der Mitarbeiter meint, er benötigt eine bestimmte Maschine, dann will ich bis zu einem bestimmten Preis gar nicht gefragt werden, ob diese dann notwendig ist, dann wird diese angeschafft. Wenn unsere Jungs einen guten Job machen sollen, benötigen sie perfektes Werkzeug", sagt der Unternehmer. Dasselbe gilt für die verwendeten Baustoffe, Christmann: „Bei uns wird grundsätzlich das beste Produkt und nicht das billigste gekauft. Es lässt sich besser verarbeiten und das Endergebnis, etwa bei einem Innenputz, nimmt der Kunde anders wahr. Was soll ich dann bei einem Sack Haftputzgips zwei Euro sparen! Hier möchte ich nicht, dass unsere Mitarbeiter groß nachdenken, sondern wissen, was sie kaufen müssen. Diese Mündigkeit setze ich voraus."

Altes behutsam durch neues Denken ablösen

Allerdings fallen bei Stuck-Belz nicht all diese guten Ideen, Prinzipien und Prozesse gleich vom Himmel, mitunter braucht es intensive Überzeugungsarbeit. Etwa dann, wenn in der Branche vermehrt Kunststoffprodukte zum Einsatz kommen oder Intarsien derart fragil und kleinteilig ausfallen, dass ein 3D-Drucker zum Einsatz kommen muss. Altes Denken muss dann abgelöst, die handwerklichen Puristen unter den Mitarbeitern müssen behutsam mitgenommen werden. Dasselbe gilt für den Umgang mit Fehlern. „Wo man früher vielleicht mit dem Hammer draufgehauen hätte, haben wir stattdessen eine Fehlerkultur eingeführt", so Christmann. Und diese hat sich vor allem in Sachen Servicequalität bewährt. Die Mitarbeiter wissen, dass sie sich auch bei Unsicherheiten bei ihren Führungskräften melden können. „Neulich kam ein Mitarbeiter zu mir und fragte mich, was er machen solle, wenn er die Frage eines Kunden eben nicht beantworten könne", berichtet der Handwerksmeister. Kurzer Prozess: Bei Stuck-Belz zog man ohne zu zögern einen externen Berater hinzu und setzte einen entsprechenden Schulungstag auf. Nun wissen die Mitarbeiter, wie man Kunden mit ihren Anliegen souverän und sympathisch an das Unternehmen weiterleitet.

Auch diese Beispiele zeigen: Bei all der neuen Digitaltechnologie und dem per se meisterhaften Zusammenspiel von Mensch und Maschine werden der einzelne Mitarbeiter und dessen Leistung auch die nächsten Jahrzehnte im Mittelpunkt stehen. Das bestätigt Michael Christmann auch ein ganz besonderes Kundenzufriedenheits-„Tool", das er entdeckt hat. „Wenn ich Baustellen abfahre, die Kunden besuche und sehe meine Mitarbeiter mit den Kunden gemeinsam am Tisch beim Mittagessen sitzen, dann weiß ich, dass wir vieles richtiggemacht haben. Eine schönere Wertschätzung unserer Arbeit kann es nicht geben."

ENDE, AUS.

Was bestimmt den Service von morgen? Was sollen Kunden erwarten und Dienstleister unternehmen? – Bei Dietmar Dahmen bekommt „liquid expectations" eine ganz neue Bedeutung. Denn „D.D." gilt als beispielloser Chancenseher in einer Welt, die sich jede Sekunde wandelt. Dass auch im Service alles seine Zeit hat – ausgerollt, ausgedient, ausgetauscht quasi – geschenkt! Die Philosophie des Querdenkers: „In jedem Ende liegt ein neuer Anfang – und dessen Startrampe heißt Disruption."

In diesem Sinne zieht er die Strippen – in einem diagonalen Galopp durch dieses Buch – THESE, ANTITHESE, SYNTHESE. Dabei reflektieren die Denkzettel à la „a penny for your thoughts", wie sie Unternehmen ihm weltweit aus der Hand reißen, immer auch Dahmens eigenes Credo. Das hier etwa: Reflexion führt zu Schlussfolgerungen, Emotion zu Handlungen.

1. Im Intelligenzvergleich Mensch/Maschine wird nichts mehr unterschätzt, als unsere Fähigkeit zur Emotion. Korrekt? – Ich stimme zu, sofern wir Emotion durch Menschlichkeit ersetzen. Maschinen machen die Welt maschineller, Menschen machen die Welt menschlicher.

2. Bester Service wird der Differenzierer am Markt! – Absolut korrekt. Aber: In Sachen schlichter Servicefunktionalität kann heute jedes Unternehmen allein durch maschinelle Lösungen ca. ein 95-Prozent-Niveau erreichen. Das ist die PFLICHT. Der differenzierende Faktor sind die fünf Prozent on top. In dieser Spitze muss der Servicegedanke zum Tragen kommen, bei dem ich Bedürfniserkennung durch Empathie betreibe und auf eine Lösung komme, die mein Standard gar nicht vorgesehen hat. Das ist die KÜR. Das sind die Geschichten, die weitererzählt werden, überraschen und positiv motivieren. Über die Pflicht redet man nur, wenn sie nicht erfüllt wurde.

3. Digital denken, empathisch lenken! – Richtiger Ansatz. Digitales Denken verfolgt das Ziel, alle berechenbaren Abläufe effektiv und effi-

zient abzuarbeiten, um dem empathischen Lenken den Weg zu ebnen. So ist es z. B. sehr effizient, zu Beginn möglichst viele Gespräche durch Maschinen beantworten zu lassen, um für den Moment des „Kundenbedarfs Empathie" entsprechend mehr Ressourcen zu haben. Der Gedanke dahinter: Die Ziele von „digital" sind S.M.A.R.T. (Spezifisch. Messbar. Ausführbar. Realistisch. Terminiert). Der Mensch dagegen ist G.E.I.L. Und das bedeutet: Ganzheitlich. Emotional. Innovativ. Lustvoll. Unsere Aufgaben ändern sich: Erst erfinden wir die Technologie, dann erfindet uns die Technologie neu.

4. Empathische Handlungen basieren immer auf Konzentration, Wahrnehmung, Kreativität und Mut. Ich würde die Rechnung noch vervollständigen. Konzentration auf die Befindlichkeit des anderen – und die dann auch wahrzunehmen – ist ja originär das, was Empathie ausmacht. Das ist der INPUT, die „Information", mit der wir arbeiten. Kreativität entwickelt daraus Handlungsoptionen, also OUTPUT-Möglichkeiten, wobei die AUSWAHL der Handlung dann immer der gleichen Frage folgt: Was von dem, das ich tun könnte, würde dem anderen helfen und für ihn den geringsten Aufwand bedeuten? Und dann bedarf es Mut als innere Haltung, die mir erlaubt, die Handlungsoption auch umzusetzen, also das optimale, theoretische Output-Szenario zum REALEN OUTPUT zu machen.

Dafür brauche ich Energie, und die geht sogar über die einmalige Umsetzung meines Vorhabens hinaus. Alles zieht Kreise! Nichts ist einfach nur das gute Ende der aktuellen Geschichte, sondern immer auch der Anfang einer neuen Story! Wir denken oft eindimensional: Ich werfe einen Stein – BAMM – dann liegt er am Boden, End of Story. Das Leben ist aber dynamisch. Der Stein landet fast nie am Boden, sondern fast immer im Wasser. Dort löst er sofort Bewegung aus, die sich in Wellen ausbreitet. Die wiederum bewegen etwas Neues, heben das eine hoch, tragen das andere fort. Wir denken zu oft statisch, weil unser Milieu statisch erscheint. In Wirklichkeit ist alles in Bewegung, alles ist liquide. Es geht also um INPUT (Konzentration, Wahrnehmung), OUTPUT (Kreativität, Mut) und zusätzlich MOMENTUM (was wir mit unserem Handeln noch bewegen)!

5. Wenn eine Marke geliebt werden will, braucht sie Servicehelden. – Stimmt. Denn nur die Funktionalität eines Service perfekt auszuschöpfen, wird nicht dazu führen, dass du geliebt wirst. Man wird dich achten, schätzen, gut finden. Aber Liebe braucht mehr! Sie ist das MAGISCHE EXTRA hinter der Funktionalität. Wer dahin will, muss durch die Betonwand der Funktion brechen. Das braucht Mut, Stärke, Einsatz. Das schafft man nicht mit 95 %. Da muss man Serviceheld sein! Alles geben! Schmerzen ertragen! Aber dann – hinter der Wand – öffnen sich völlig neue Felder!

6. Je mehr KI in die Mensch-Maschine-Interaktion einzieht, desto größer der Gewinn für Kundschaft und Belegschaft. – Wir haben funktionale, emotionale, soziale Intelligenz. Wenn KI die funktionale Intelligenz übernimmt, ist das schon mal kein Nachteil. Wenn es dann gelingt, die freiwerdende Kapazität zu nutzen, um die emotionale und soziale Intelligenz zu steigern, und mit dem Ziel höherer Kundenzufriedenheit neue Kompetenzen zu entwickeln, stimmt die These.

7. Je individualisierter ein Service wird, desto einfacher wird er. Die Kernbegriffe hier sind „Individualisierung" und „einfacher". Fangen wir mit Individualisierung an, und dem Gegenteil, der Massenfertigung. Früher sah man große Vorteile in weitgehend standardisierten, immer gleichen Lösungen: Massenfertigung gleicher Produkte, beworben in Massenmedien mit gleicher Kommunikation. „Single minded" nannten das die Werber. Es ging um die „Unique Selling Proposition". Die war zwar für das Produkt „unique", aber für den Konsumenten immer gleich. Für ihn war USP eine UNIFORM Selling Proposition. Dann kam die Digitalisierung und ermöglichte auch im Service die „Losgröße 1": Der KUNDE wurde UNIQUE! Lösungen wurden UNTERSCHIEDLICH und so für KUNDEN besser, maßgeschneiderter, einfacher. Letzteres hieß früher: einfach für den Hersteller. Heute heißt's „einfach für den Kunden"! Ein radikaler Sichtwechsel! Wenn ein Massenproduzent feine Kekse backt, ist sein intrinsisches Interesse der wirtschaftliche Gewinn, den er erzielt. Wenn die Oma Kekse backt, ist ihr Interesse, den Enkeln eine Freude zu machen, Verzückung zu bescheren. Beide Male ist der Keks „Mittel zum Zweck", aber der Zweck ist völlig verschieden. Und das ändert die Einstellung zum Keks – bzw. in unserem Fall die Einstellung zum Service.

8. Mitarbeiter müssen schon lächeln, bevor sie überhaupt eingestellt wurden. Lächeln ist der vielversprechende Indikator einer positiven Grundhaltung, die uns auch bei Problemen konstruktive Kraft gibt. Auf sie fallen wir zurück, wenn es schwierig wird. Und wenn dies ein „positives Lächeln" ist, hilft das immens. Lächeln zeigt Offenheit, Empathie, adaptive Lösungsbereitschaft. Zorn aber macht eng, führt zu Starre und radikaler Mono-Optionalität: so oder gar nicht – das Gegenteil von gutem Service. Lächeln macht aus dir den Helfer. Zorn macht dich zum Opfer, schon weil sich der des Kunden zu deinem eigenen addiert. Gefühlt: Zorn² quasi! Das einzige Antidot: positive Energie! Ist der Anrufer zornig, musst du die Energie aufbringen, zu sagen: Ich „freundliche" dich jetzt an die Wand! Ich „service" dich platt! Das Energieniveau bleibt hoch, aber die RICHTUNG ändert sich, von negativer Destruktion zum Positiven „darum kümmer ich mich mit Vollgas".

9. Die Servicequalität von Banken, der Bahn oder der Telkobranche mit der von Amazon zu vergleichen, ist einfach nicht fair. – Stimmt, aber das muss man aushalten. Die Dienstleistungen, die ich als Kunde eines Infrastrukturbetreibers in Anspruch nehme, sind viel komplexer und emotionsgeladener als die schlichte Funktionalität reiner Plattformanbieter wie Amazon. Und vielleicht wird der Kunde beim Serviceerlebnis zweier auch völlig verschiedener Dienstleistungen nur den reinen Funktionsvergleich vornehmen. Aber Funktion ist nur Aspekt: quasi die mathematische Höhe der Messlatte. Es kommt auch darauf an, WIE sich die Funktion anfühlt: das ist die Emotion, das Umfeld, der Kontext. Lande ich nach dem Sprung in einem weichen Kissen oder auf hartem Sand. Ist die Messlatte selbst mit Nägeln überzogen oder bunt wattiert. Das Umfeld beeinflusst die Bereitschaft zum Sprung massiv.

10. Im Beziehungsgeflecht Unternehmen-Kunde wird die Bot-Bot-Interaktion enorm Raum einnehmen. Da bin ich sicher. Machine-to-Machine-Kommunikation ist für standardisierte Abläufe top! Aber Standard ist nicht alles. Ein Beispiel dafür: Es gibt kaum noch Hotels, in denen ein Portier heute noch dem Gast die Tür öffnet. Stattdessen „M2M-kommuniziert" eine Lichtschranke mit dem Elektromotor der Tür, die sich öffnet, sobald jemand davorsteht. Standard erfüllt. Aber: In Weltklassehäusern finden wir trotzdem einen Portier! Warum? Weil er „beyond standard" operiert. Seine Aufgabe ist auf der „Maslovschen Bedürfnispyramide" höher: Respekt, Freundlichkeit und Unterstützung außerhalb der Kernaufgabe. Das heißt, die Tätigkeit wurde aufgewertet. Dieses Upgrade auf das Loving & Belonging-Niveau macht die Spitze der „Leading Hotels of the World" aus, die einen Service persönlich, beson-

„Brillanter Service braucht positive Energie! Für die Kraft, auch zornigen Anrufern zu sagen: Ich ‚freundliche' dich jetzt an die Wand! Ich ‚service' dich platt!"

169

ders und menschlich machen. Dieses winzig kurze Serviceerlebnis kostet den Anbieter viel Geld, definiert das ganze Unternehmen aber völlig anders und löst im Nachhinein auch andere Spendings aus.

11. Das Märchen vom „König Kunde" wird endlich wahr werden. Ganz so würde ich es nicht sehen. Richtig ist: Die Macht des Kunden ist gewachsen mit dem Wandel der Anbietermärkte in Abnehmermärkte. Aber der Kunde war immer schon König. Nur war der Aggregatzustand, in dem Service sich bewegte, nahezu starr. Feste Öffnungszeiten, feste Lieferzeiten. Der Thron des Königs war hart, fest, unbeweglich. Er musste sich der Form des Throns anpassen. Erst durch mehr Arbeit und Energie wurde der zweite Aggregatzustand erreicht. Aus fest wurde flüssig, und Flüssiges passt sich dem Umfeld an wie Wasser dem Glas. Noch mehr Energie macht alles gasförmig. Der Thron ist jetzt quasi überall, technisch gesehen meist in der Cloud. König Kunde hat zu allem immer Zugang, Unternehmen und Services werden Teil der Atmosphäre. Sie hilft mir zu überleben, versorgt mich mit Nährstoffen, ist um mich herum und in mir drin! ABER: Eine Marke kann auch von dir als König etwas fordern. Ein Fitnessstudio wird ja nicht dadurch besser, dass du selbst nie ins Schwitzen kommst. König sein ist keine Einladung zu dekadenter Faulheit. Sondern dazu, Respekt, Aufmerksamkeit, Anerkennung zu erfahren.

12. Das Herzstück jedes Kundendienstes ist Respekt. – Absolut richtig. Respekt ist der Grundgedanke von Service schlechthin. Wenn ich respektlos bin, aber trotzdem freundlich lächele, bleibe ich am Ende immer noch ein A.... Respekt ist die BASIS, auf der ich alles andere aufbaue!

Wie Einfühlungsvermögen, Glaubwürdigkeit, ist auch Respekt ein Soft Skill, aber unter denen ist er der härteste.

13. Servicesouvenirs haben nichts mit Folklore zu tun. – Völlig korrekt. Servicesouvenirs sind extrem vitale Hebel. Jede Erinnerung an ein Serviceerlebnis landet beim Kunden in einem gewissen Emotionsdepot. Das muss ich als Servicemitarbeiter immer wieder aufladen. Wenn ich als Marke oder Unternehmen regelmäßig ins Depot einzahle, dann habe ich – wenn mal was in die Hose geht – im übertragenen Sinne auch mal was gut. Deshalb sind „alte" Kunden auch wichtiger als junge. Habe ich bei Neukunden noch nicht oft genug eingezahlt, kann eine schlechte Erfahrung reichen, und sie sind weg. Langjährige Kunden, bei denen ich hohes emotionales Guthaben aufgebaut habe, verzeihen mir eine Enttäuschung schon eher. Hinzu kommt: Die emotionalen Kosten, eine Marke zu wechseln, sind für Stammkunden oft viel höher. Als solcher verlasse ich ja nicht nur die Marke, sondern auch ein gegebenfalls volles „Emotions-Sparbuch".

14. Bei der Entwicklung „menschzentrierter KI" hat Europa die Chance, einen Gold-Standard zu setzen. Da gibt es einen Haken: Wir in Europa sind generell Forschungsweltmeister. Nur in der Umsetzung sind wir von Championship weit entfernt. Da sind Asien und Amerika viel weiter. Ich nenne das die „Analyse-Paralyse". Das heißt: Ich forsche mich zu Tode und bringe die Ergebnisse nicht auf die Straße. Der schönste erforschte Standard, zum Beispiel für menschenzentrierte KI, nützt dir nichts – Stichwort Gold – wenn jemand einen schwächeren Standard einfach „macht". Standards setzen bringt Macht, und MACHT kommt von machen!

15. Digital ist die Basis – analog ist der Schlüssel. – Stimmt. Hinter allem, was wir tun, steckt ja ein Ziel. Und die Vision – vom Ergebnis unseres Tuns – muss vom Menschen kommen. Umgekehrt würde ja bedeuten, dass Digitalisierung uns sagt, was wir eigentlich machen wollen. Dann würden wir zum Diener der Maschinen. Aber jede Zeit hat ihre Lead-Technologie. In der Steinzeit waren es Steine, später Dampfmaschinen, heute ist es Digitalisierung. Lead-Technologien liefern uns die „Tools of Choice". Das Ergebnis kann immer das Gleiche bleiben, nur der Weg dorthin wird schneller, bequemer, zielführender. Wenn ich jemanden treffen will, nahm ich früher ein Pferd, vor Corona ein Auto, während Corona „Zoom", morgen eventuell wasserstoffgetriebene Shared Mobility. Doch Zweck und Ziel bleiben dasselbe.

16. Dienstleister haben ihren Kunden nie aus den Augen verloren – sie haben ihn erst gar nicht fokussiert. Da ist was dran, aber es trifft nicht auf alle zu. Es gibt seit jeher zwei Sichtweisen zum Service. Die erste:

Wenn ich maximales Geschäft machen möchte – und das ist mein primäres Ziel – muss ich dafür sorgen, dass der Kunde bleibt und bei mir kauft. Service ist vielleicht King, aber mein Geschäft ist KING KONG. Die zweite: Ich möchte zu allererst, dass der Kunde sich wohlfühlt. Für mein Geschäft sorgt er dann quasi automatisch. Alles kommt eben vom Kunden. Das ist die Fokussierung auf die letzten 5 %, mit Respekt, Authentizität, ehrlicher Wertschätzung. Und nun erkennen wir: Der Kunde ist mein Asset! Er macht das Geschäft! Er ist quasi mein Geschäft! Jetzt ist der Kunde mein KING KONG. Wer ihn hat, hat alles! Oder umgekehrt: Wer den falschen KING KONG hat, lebt hochriskant.

17. Wenn brillanter Service von deiner Tagesform abhängt, hast du schon verloren. Profis sind gut, wenn sie auch an schlechten Tagen gut sind. Aber als PROFI tue ich etwas aus PROFIT gründen. AMATEURE tun etwas aus „AMARE" – aus LIEBE. Insoweit ist professionellem Service sehr zuträglich, immer wieder aufs Neue den Amateur in sich zu entdecken.

ANFANG!

Literaturverzeichnis

S. 118 ff. Georg Mack

– The Economist, Ausgabe 6.5.2017.

– Skopos Kundenbarometer, 23.10.2019.

– Converneo, RUF Beratung, voiXen: Trend-Studie 2019 Contact Center.

– ThinkOwl, Gartner Pedictions 2018: e-book „Artificial Intelligence (AI) ändert das Paradigma für Customer Experience (CX)".

– Park, Alice: „Google's AI Bested Doctors in Detecting Breast Cancer in Mammograms", Time Magazine, Ausgabe 1.1.2020.

S. 142 ff. Nicole Brandes

– Brandes, Nicole: „Weiblich, wild, weise", Goldegg, 2019.

– Brandes, Nicole: „Homo humanus oder warum der Mensch der Held der Zukunft ist." Human Digital Work, Springer Gabler 2019.

– Dier, Christina Lynn: Interview mit Bordt, Michael: „Einen Leadership-Algorithmus wird es nie geben", Frankfurter Allgemeine Zeitung, New-Work-Spezial, 11/2019.

– Frankl, Viktor: „Der Wille zum Sinn", hogrefe, 2015. Fukuyama, Francis: „Transhumanism – the world's most dangerous idea" „Foreign Policy Nr. 144, 2004, Seite 42-43. https://www.au.dk/fukuyama/boger/essay/

– Gratton, Lynda, Scott, Andrew: „Morgen werden wir 100: Wie unser langes Leben gelingt", Edition Körber, 2018.

– Spiekermann, Sarah: „Digitale Ethik", Droemer, 2019.

– von Lindern, Jacob: „Die Vermessenen", t3n Magazin Nr. 58, 2020.

Weitere Informationen

Abolhassan, Ferri, Dr.: www.telekom.com/kundenservice
Anderl, Elke: www.telekom.com/kundenservice
Brandes, Nicole: www.nicolebrandes.ch
Christmann, Michael: www.belz.de
Dahmen, Dietmar: www.dietmardahmen.com
Dethloff, Claus, Dr.: www.servicevalue.de
Falk, Florian: www.justspices.de
Göth, Sven: www.svengoeth.com, www.digitalcompetencelab.de
Horx, Matthias: www.horx.com
Hübner, Sabine: www.sabinehuebner.de
Hyken, Shep: www.hyken.com
Klein, Mark: www.ergo.de
Krüger, Antonio, Prof. Dr.: www.dfki.de
Leichsenring, Hansjörg, Dr.: www.hansjoerg-leichsenring.de, www.der-bank-blog.de
Mack, Georg: www.mackconsult.at, www.intre.cc
Seiler, Martin: www.deutschebahn.com
Vorndran, Stefan: www.europcar.de

Abbildungsverzeichnis

Impressum

Hinweis zur Genderneutralität
Die Herausgeber legen Wert auf eine Sprache, die
alle Geschlechter gleichermaßen berücksichtigt.
In dieser Publikation finden sich allerdings nicht
durchgängig geschlechtergerechte Formulierungen,
da die explizite Nennung aller Formen in manchen
Texten die Lesbarkeit erschwert.

Frankfurter Allgemeine Buch

Copyright: FAZIT Communication GmbH
Frankfurter Allgemeine Buch, Frankenallee 71 – 81,
60327 Frankfurt am Main

Herausgeber
Dr. Ferri Abolhassan
Deutsche Telekom Service GmbH
Friedrich-Ebert-Allee 71–77
53113 Bonn

Chefredaktion & Umsetzung: Tatjana Geierhaas
Konzeption: Yvonne Duden, Tatjana Geierhaas,
Thorsten Rack
Text: Sven Hansel, Thorsten Rack,
Thomas van Zütphen
Bildredaktion: 3st kommunikation GmbH, Mainz
Layout & Design: 3st kommunikation GmbH, Mainz

Druck: Kösel GmbH & Co. KG, Altusried-Krugzell

Printed in Germany

1. Auflage, Frankfurt am Main 2020
ISBN: 978-3-96251-088-6